经济管理实验实训系列教材

Web标准网页设计

Web Biaozhun Wangye Sheji

孟伟 曾波 青虹宏 李茜 编著

西南财经大学出版社
Southwestern University of Finance & Economics Press

总　序

　　高等教育的任务是培养具有创新精神和实践能力的高级人才。"实践出真知"，实践是检验真理的唯一标准，也是知识的重要源泉。大学生的知识、能力、素养不仅来源于书本理论与老师的言传身教，更来源于实践感悟与体验。大学教育的各种实践教学环节对于培养学生的实践能力和创新能力尤其重要，实践对于大学生成长至为关键。

　　随着我国高等教育从精英教育向大众化教育转变，客观上要求高校更加重视培养学生的实践能力。以往，各高校主要通过让学生到企事业单位和政府机关实习的方式来训练学生的实践能力。但随着高校不断扩招，传统的实践教学模式受到学生人数多、岗位少、成本高等多重因素的影响，越来越无法满足实践教学的需要，学生的实践能力的培养越来越得不到保障。有鉴于此，各高校开始探索通过校内实验教学和校内实训的方式来缓解上述矛盾，而实验教学也逐步成为人才培养中不可替代的途径和手段。目前，大多数高校已经普遍认识到实验教学的重要性，认为理论教学和实验教学是培养学生能力和素质的两种同等重要的手段，二者相辅相成、相得益彰。

　　相对于理工类实验教学而言，经济管理类专业实验教学起步较晚，发展滞后。在实验课程体系、教学内容（实验项目）、教学方法、教学手段、实验教材等诸多方面，经济管理实验教学都尚在探索之中。要充分发挥实验教学在经济管理类专业人才培养中的作用，需要进一步深化实验教学研究和推进改革。加强实验教学基本建设的任务更加紧迫。

　　重庆工商大学作为具有鲜明财经特色的高水平多学科大学，高度重视并积极探索经济管理实验教学建设与改革的路径。学校经济管理实验教学中心于2006年被评为"重庆市高校市级实验教学示范中心"，2007年被确定为"国家级实验教学示范中心建设单位"。经过多年的努力，我校经济管理实验教学改革取得了一系列成果，按照能力导向构建了包括学科基础实验课程、专业基础实验课程、专业综合实验课程、学科综合实验（实训）课程和创新创业课程五大层次的实验课程体系，真正体现了"实验教学与理论教学并重、实验教学相对独立"的实验教学理念，并且建立了形式多样、以过程为重心、以学生为中心、以能力为本位的实验教学方法和考核评价体系。努力做到实验教学与理论教学结合、模拟与实战结合、教学与科研结合、专业教育与创业教育结合、学校与企业结合、第一课堂与第二课堂结合，创新了开放互动的经济管理实验教学模式。

为进一步加强实验教学建设，展示我校实验教学改革成果，由学校经济管理实验教学指导委员会统筹部署和安排，计划陆续出版"经济管理实验教学系列教材"。本套教材力求体现以下几个特点：一是系统性，该系列教材将涵盖经济学、管理学等大多数学科专业的"五大层次"实验课程体系，有力支撑分层次、模块化的经济管理实验教学体系；二是综合性，该系列教材将原来分散到若干门理论课程的课内实验项目整合成一门独立的实验课程，尽量做到知识的优化组合和综合应用；三是实用性，该系列教材所体现的课程实验项目都经过反复推敲和遴选，尽量做到仿真，甚至全真。

感谢该系列教材的撰写者。该系列教材的作者们普遍具有丰富的实验教学经验和专业实践经历，个别作者甚至是来自相关行业和企业的实务专家，希望读者能从中受益。

毋庸讳言，编写经济管理实验教材是一种具有挑战性的开拓与尝试，加之实践本身还在不断地丰富与发展，因此本系列实验教材可能会存在一些不足甚至错误，恳请同行和读者批评指正。我们希望本套系列教材能够推动我国经济管理实验教学的发展，能对培养具有创新精神和实践能力的高级专门人才尽一份绵薄之力！

重庆工商大学校长、教授、博士生导师

2011 年 5 月 10 日

前 言

万维网（World Wide Web，Web 或 WWW）作为互联网上最重要的应用之一，由万维网之父蒂姆·伯纳斯-李（Tim Berners-Lee）于 1989 年在欧洲粒子物理研究所工作时，利用业余时间发明。其发明万维网的初衷是为了让分散在全球各地的科学家使用一种工具能够共享研究资料和信息。如今，互联网上无数个链接相互在一起，包含文字、图像、声音和视频等信息的 Web 网页文件构成全球性万维网，使得全世界的人们以史无前例的巨大规模相互交流，成为人类历史上影响最深远、应用最广泛的传播媒介。

为使计算机能够在万维网上更有效地以不同形式储存和传输信息，蒂姆·伯纳斯-李创建万维网联盟（World Wide Web Consortium，W3C），又称 W3C 理事会。W3C 制订一系列标准用以规范 Web 发展，合称 Web 标准。Web 标准核心部分由三个标准构成：统一资源标识符（Uniform Resource Identifier，URI），该标准用字符串唯一标识互联网上各类资源，通过统一资源定位符（Uniform Resource Locator，URL，俗称网址）可找到这些资源；超文本传输协议（HyperText Transfer Protocol，HTTP），该标准定义客户端与服务器之间发布和接收 HTML 页面的方法；超文本标记语言（HyperText Markup Language，HTML），该标准定义超文本文档的结构和格式。

Web 网页的本质就是 HTML，通过使用脚本语言、通用网关接口（CGI）、组件等 Web 技术，可以创造出功能强大的网页。随着互联网的快速发展，网页内容与布局也越来越复杂，不同类型的显示设备，不同的浏览器，甚至同一浏览器的不同版本，在解释和显示 HTML 文档时都会有不同的效果。为解决网页对不同浏览器、不同显示设备的兼容性，W3C 为 Web 网页制订一系列标准，符合 Web 标准的网页称为 Web 标准网页。本书将全面详细地介绍 HTML、XHTML 和 CSS 等基础知识，针对学生在学习 Web 标准网页时，需要大量且系统的实践训练，编写大量实例供学生实践练习使用。

本书由重庆工商大学孟伟任主编，重庆工商大学曾波、青虹宏和重庆航天职业技术学院李茜任副主编，合作编著完成。本书是重庆工商大学本科自编教材立项教材和重庆工商大学经济管理国家级实验教学示范中心重点建设实验教材，得到重庆工商大学教务处、经济管理实验教学中心、商务策划学院的大力支持和指导，本书还得到重庆市高等学校教学改革研究重点项目"基于外包式校企合作模式的本科院校电子商务专业学生实践能力培养研究"（1202010）、重庆市高教学会高等教育科学研究课题"跨境电子商务人才培养模式研究"（CQGJ13C433）和重庆高校"三特行动计划"重庆工商大学市场营销特色专业建设项目资助，表示感谢。重庆工商大学教材编委会专家和实验教材编委会专家指导并审定本书提纲和书稿，重庆工商大学教务处处长靳俊喜教授和重庆工商大学商务策划学院副院长梁云教授对本书出版给予大量指导，经济管理实验教学中心教学部詹铁柱主任积极协调本书出版，西南财经大学出版社林伶女士为本书的出版付出大量辛勤工作，在此表示感谢。本书作者还要特别感谢 W3School（http：//www.w3school.com.cn/），该网站系统而全面地整理网页设计开发相关的各类优秀教程和参考文档，为推动 Web 标准在国内的普及推广作出巨大贡献，本书中部分资源和案例借鉴或直接引用自该网站，当然引用材料出现差错与该网站无关。

由于编者的水平有限，书中不妥之处敬请读者批评指正。

编者

2014 年 2 月 7 日

目　录

第三篇　标准篇

3

第四篇 规范篇

第一篇　概述篇

第 1 章 Web 标准网页设计概述

1.1 Web 标准概念

Web 标准不是某一个具体标准，而是一系列标准的集合。Web 标准是由 W3C 和其他标准化组织制订的一套规范集合，目的在于创建一个统一的用于 Web 表现层的技术标准，以便于通过不同浏览器或终端设备向最终用户展示信息内容。

Web 网页主要由三部分组成：结构（Structure）、表现（Presentation）和行为（Behavior）。对应的标准也分三方面：结构标准语言，主要包括 HTML、XHTML 和 XML；表现标准语言，主要包括 CSS；行为标准，主要包括对象模型（例如 W3C DOM）、ECMAScript 等。这些标准大部分由万维网联盟（World Wide Web Consortium，W3C）起草和发布，也有一些标准由 Ecma 国际（Ecma International，前身是 European Computer Manufacturers Association，ECMA，欧洲计算机制造商协会）等标准组织制订。

1. 结构标准语言

结构标准语言对网页用到的信息进行分类与整理。在网页结构中用到的技术主要包括 HTML、XML 和 XHTML。

（1）HTML

超文本标记语言（HyperText Markup Language，HTML）被用来结构化网页信息，例如标题、段落和列表等，也可用来在一定程度上描述文档的外观和语义。1982 年由蒂姆·伯纳斯-李创建，IETF（Internet Engineering Task Force，互联网工程任务组）用简化的 SGML（Standard Generalized Markup Language，标准通用标记语言）语法对其进行规范化，现已成为国际标准，由万维网联盟（W3C）维护。

（2）XML

XML 是 The eXtensible Markup Language（可扩展标记语言）的简写。目前推荐遵循的是 W3C 于 2000 年 10 月 6 日发布的 XML1.0，标准内容参见 www.w3.org/TR/2000/REC-XML-20001006。和 HTML 一样，XML 同样来源于 SGML，但 XML 是一种能定义其他语言的语言。XML 最初设计的目的是弥补 HTML 的不足，以强大的扩展性满足网络信息发布的需要，后来逐渐用于网络数据的转换和描述。

（3）XHTML

XML 虽然数据转换能力强大，完全可以替代 HTML，但面对成千上万已有的站点，直接采用 XML 还为时过早。因此，在 HTML4.0 的基础上，用 XML 的规则对其进行扩展，得到 XHTML。

XHTML 是 The eXtensible HyperText Markup Language（可扩展超文本标记语言）的缩写。目前推荐遵循的版本是 W3C 于 2000 年 1 月 26 日发布的 XHTML 1.0，标准内容参见 http：//www.w3.org/TR/2000/REC-xhtml1-20000126/。HTML 是一种基本的 Web 网页设计语言，XHTML 是一种基于可扩展标记语言的标记语言，看起来与 HTML 有些相像，只有一些小的但重要的区别，XHTML 就是一个扮演着类似 HTML 角色的可扩展标记语言（XML）。简单地说，建立 XHTML 的目的就是实现 HTML 向 XML 的过渡。所以，本质上说，XHTML 是一个过渡技术，结合部分 XML 的强大功能及大多数 HTML 的简单特性。

早期的 HTML 语法规则定义较为松散，这有助于不熟悉网络出版的非专业人士采用。网页浏览器接受这个事实，使之可以显示语法不严格的网页。随着万维网规模急剧扩大，官方标准渐渐趋于严格语法，但是浏览器继续显示一些远称不上合乎标准的 HTML。使用 XML 严格规则的 XHTML 是 W3C 计划中 HTML 的接替者。虽然很多人认为 XHTML 已经成为当前的 HTML 标准，但是 XHTML 实际上是一个独立的、和 HTML 平行发展的标准。W3C 目前建议使用 XHTML 1.1、XHTML 1.0 或者 HTML 4.01 标准编写网页，不少网页已转用最新的 HTML 5 编写。

2. 表现标准语言

表现用于对信息进行版式、颜色、大小等形式的控制，在表现中用到的技术主要是 CSS 层叠样式表。

CSS 是 Cascading Style Sheets（层叠样式表）的缩写。目前推荐遵循的版本是 W3C 于 1998 年 5 月 12 日推荐的 CSS2，标准内容参见 http：//www.w3.org/TR/CSS2/。W3C 创建 CSS 标准的目的是以 CSS 取代 HTML 表格式布局、帧和其他表现的语言。纯 CSS 布局与结构化 XHTML 相结合能帮助设计师分离网页外观与结构，使站点的访问及维护更加容易。

3. 行为标准

行为是指文档内部的模型定义及交互行为，用于编写交互式的文档。在行为中用到的技术主要包括 DOM 和 ECMAScript。

（1）DOM

DOM 是 Document Object Model（文档对象模型）的缩写，标准内容参见 http：//www.w3.org/DOM/。根据 W3C DOM 规范，DOM 是一种与浏览器、平台和语言的接口，使网页设计人员可以访问页面其他的标准组件。简单理解，DOM 可解决不同浏览器和不同脚本语言之间的冲突，给 Web 设计师和开发者一个标准的方法来访问站点中的数据、脚本和表现层对象。

（2）ECMAScript

ECMAScript 是 Ecma 国际通过 ECMA-262 标准化的脚本程序设计语言。这种语言在万维网上应用广泛，往往被称为 JavaScript 或 JScript，但实际上后两者是 ECMA-262 标准的实现和扩展。目前推荐遵循的是 ECMAScript 262，标准内容参见 http：//www.ecma.ch/ecma1/STAND/ECMA-262.HTM。

1.2　Web 标准作用

　　大部分网页设计人员都有深刻体验，每当主流浏览器版本升级时，刚建立的网站就可能变得过时，需要升级或者重新设计网站。在网页制作时采用 Web 标准技术，可以有效对页面的布局、字体、颜色、背景和其他效果实现更加精确的控制。只要对相应的代码做一些简单的修改，就可以改变整个网页的外观和格式。

　　1. 制订 Web 标准的目的

　　对网站设计和开发人员而言，遵循 Web 标准就是使用标准；对网站用户来说，Web 标准就是最佳体验。

　　（1）提供最多利益给最多的网站用户。

　　（2）确保任何网站文档都能够长期有效。

　　（3）简化代码，降低网站建设成本。

　　（4）让网站更容易使用，能适应更多不同用户和更多不同网络设备。

　　（5）当浏览器版本更新或者出现新浏览设备时，确保所有应用能够继续正确执行。

　　2. 采用 Web 标准对网站浏览者的好处

　　（1）文件下载与页面显示速度更快。

　　（2）网页内容能被更多的用户访问（包括失明、视弱、色盲等残障人士）。

　　（3）网页内容能被更广泛的设备访问（包括屏幕阅读机、手持设备、搜索机器人等）。

　　（4）用户能够通过样式选择定制个性化的表现界面。

　　（5）所有页面都能提供适于打印的版本。

　　3. 采用 Web 标准对网站所有者的好处

　　（1）更少的代码和组件，便于维护。

　　（2）代码更简洁，带宽要求降低，成本降低。

　　（3）更容易被搜寻引擎搜索。

　　（4）改版方便，不需要变动页面内容。

　　（5）提供打印版本而不需要复制内容。

　　（6）提高网站易用性。

1.3　Web 标准网页设计步骤

　　Web 页面设计过程可分为七个步骤，各步骤及使用工具见图 1.1 所示。

　　（1）内容分析。分析网页中需要展现的内容，梳理其中的逻辑关系，分清层次以及重要程度。

　　（2）结构设计。根据内容分析的成果，搭建出合理的 HTML 结构，保证在没有任

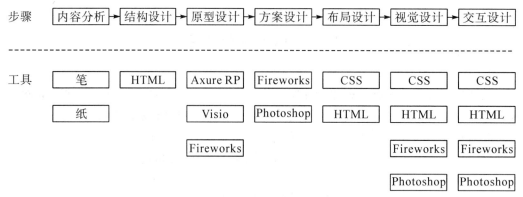

图 1.1　Web 标准网页设计步骤图

何 CSS 样式的情况下，在浏览器中保持高可读性。

（3）原型设计。根据网页的结构，绘制出原型线框图，对页面进行合理的分区布局，原型线框图是设计负责人与客户交流的最佳媒介。

（4）方案设计。在确定的原型线框图基础上，使用美工软件，设计出具有良好视觉效果的页面设计方案。

（5）布局设计。使用 HTML 和 CSS 对页面进行布局。

（6）视觉设计。使用 CSS 并配合美工设计元素，完成由设计方案到网页的转化。

（7）交互设计。为网页增添交互效果，如鼠标指针经过时的一些特效等。

第二篇　基础篇

第 2 章　HTML 基础

2.1　学习目的与基本要求

1. 掌握 HTML 文档基本结构。
2. 掌握 HTML 常用元素。
3. 掌握简单网页编写方法。

2.2　理论知识

2.2.1　HTML 文档基本结构

一个完整的 HTML 文件由标题、段落、表格、文本、图像等各种嵌入的对象组成。这些对象统称为元素，HTML 使用标记来分隔并描述这些元素，实际上整个 HTML 文件就是由元素与标记组成的。

下面是一个最简单的 HTML 网页：

```
<html>
<head>
<title>First</title>
</head>
<body>
Welcome to HTML World!
</body>
</html>
```

从上面的代码可以看出，HTML 代码分为三个部分，各部分含义如下：

<html>…</html>，告诉浏览器 HTML 文件开始和结束的位置，其中包括<head>和<body>标记。HTML 文档中所有的内容都应该在这两个标记之间，一个 HTML 文档总是以<html>开始，以</html>结束。

<head>…</head>，HTML 文件的头部标记，在其中可以放置页面的标题以及文件信息等内容，我们通常将这两个标签之间的内容统称为 HTML 的头部。在浏览器窗口

中，头信息不会显示在网页窗口正文中。

<body>…</body>，用来指明文档的主体区域，网页所要显示的内容都放在这个标记内，其结束标记</body>指明主体区域的结束。

2.2.2 HTML 基本元素

一个标准的 HTML 文件由 HTML 元素、元素的属性和相关属性值三个基本部分构成。HTML 元素是指从开始标签（Start Tag）到结束标签（End Tag）的所有代码，元素的各项属性定义元素的样式和功能，例如 name 命名属性、href 目标地址链接属性等，这些属性又由各自特定类型的属性值定义，例如长度、颜色等。

HTML 元素语法：

①HTML 元素以开始标签起始。

②HTML 元素以结束标签终止。

③元素的内容是开始标签与结束标签之间的内容。

④某些 HTML 元素具有空内容（Empty Content）。

⑤空元素在开始标签中进行关闭（以开始标签的结束而结束）。

⑥大多数 HTML 元素可拥有属性。

1. 标题

HTML 标题（Heading）通过<h1>~<h6>元素进行定义，<h1>定义最大的标题，<h6>定义最小的标题：

```
<h1>一级标题</h1>
<h2>二级标题</h2>
<h3>三级标题</h3>
<h4>四级标题</h4>
<h5>五级标题</h5>
<h6>六级标题</h6>
```

2. 段落

HTML 段落通过<p>元素定义，段落默认从一行开始：

```
<p>段落 1. </p>
<p>段落 2. </p>
<p>段落 3. </p>
```

3. 换行

当需要结束一行，并且不想开始新段落时，使用
元素换行。
元素不管放在什么位置，都能够强制换行：

```
<p>这是<br>换行<br>段落</p>
```

注意：在 HTML 中，不管有多少个空格，处理起来只当成一个，多个空行也只当成一个空格来处理。因此，需要在 HTML 网页显示空格和换行时，不能直接在编辑器中按空格键或回车键，而是通过
元素换行， ；表示空格。HTML 会自动在某些元素前后增加额外的空行，例如段落和标题元素。

4. 水平线

使用水平线元素<hr>可分隔网页不同部分的内容：

```
<hr>
```

5. 注释

将注释插入 HTML 代码中，可以提高代码的可读性，使代码更易被人理解。浏览器会忽略注释，也不会显示注释：

```
<! -- 注释 -->
```

6. 图像

HTML 中的图像主要包括背景图像和内容图像两种形式。

背景图像通过 background 属性进行定义，例如<body background = " background. jpg" >定义网页背景图像，< table background = " background. jpg" >、< tr background = " background. jpg" >、<td background = " background. jpg" >分别定义表格、表格行、表格单元格的背景图像：

```
<! -- 插入背景图像 -->
<body background = "background. jpg" >
```

内容图像通过<img>元素进行定义，与文字一同表达网页内容：

```
插入本地图像<img src = "logo. jpg" > <br>
插入网络图像<img src = "http：//www. baidu. com/img/bdlogo. gif" ><br>
```

<img src = "logo. jpg" align = "bottom" >、<img src = "logo. jpg" align = "middle" >、< img src = "logo. jpg" align = "top">可分别定义图像底部对齐、居中对齐和顶部对齐三种对齐方式。

7. 超级链接

每一个文件都有自己的存放位置和路径，理解一个文件到要链接的那个文件之间的路径关系是创建链接的根本。URL（Uniform Resourc Locator，统一资源定位器）指的就是每一个网络资源都具有独一无二的地址。同一个网站下的每一个网页都属于同一个地址之下，在创建网页时，不需要为每一个链接都输入完整的地址，只需要确定当前文档同站点根目录之间的相对路径关系即可。

链接路径可以分以下两种：

①绝对路径，例如：http：//www. google. com。

②相对路径，例如：news/index. html。

在网页中，如果链接到本地文件，采用相对路径；如果链接到外部资源，采用绝对路径。

HTML 链接通过<a>元素进行定义，分为网页链接、电子邮件链接和锚链接。

锚链接可用于内容特别长的单个网页，类似于较长篇幅的 Word 文档目录链接到各章节。锚链接要先通过"<a name="top">锚点</a>"定义锚点，再通过"<a href="#top">锚链接</a>"链接到锚点：

```
<a href="http：//www. ctbu. edu. cn">外部链接</a><br>
<a href="first. htm">本地链接</a><br>
图像链接：<a href="lastpage. htm"><img border="0" src="next. gif"></a>
<a href="mailto：mongvi@ 126. com">电子邮件链接</a><br>
<a href="#top">锚链接</a>
```

2.2.3 表格

表格用<table>元素定义，表格被划分为行（使用<tr>元素），每行又被划分为数据单元格（使用<td>元素）。td 表示"表格数据"（Table Data），即数据单元格的内容。数据单元格可以包含文本、图像、列表、段落、表单、水平线、表格等元素内容。

<table border="1">、<tr border="1">、<td border="1">分别定义表格、表格行、表格单元格的边框宽度为 1 像素：

```
<table border="1">
<tr>
  <td>100</td>
</tr>
</table>
<table border="1">
<tr>
  <td>row 1, cell 1</td>
  <td>row 1, cell 2</td>
</tr>
<tr>
  <td>row 2, cell 1</td>
  <td>row 2, cell 2</td>
</tr>
</table>
```

2.2.4　列表

HTML 列表支持有序列表、无序列表和自定义列表三种形式。各类列表的项目中都可以加入段落、换行、图像、链接、子列表等内容。

无序列表以<ul>标签开始，每个列表项目以<li>开始，各项目前加有标记（通常是黑色的实心小圆圈）。

有序列表以<ol>标签开始，每个列表项目以<li>开始，各项目前加有数字作标记。

自定义列表条目以<dt>开始，自定义列表的定义以<dd>开始，是一系列条目和解释。

1. 无序列表

```
<ul>
    <li>咖啡</li>
    <li>茶</li>
    <li>牛奶</li>
</ul>
```

2. 有序列表

```
<ol>
    <li>咖啡</li>
    <li>茶</li>
    <li>牛奶</li>
</ol>
```

3. 嵌套列表

```
<ul>
    <li>咖啡</li>
    <li>茶
      <ul>
        <li>红茶</li>
        <li>绿茶</li>
      </ul>
    </li>
    <li>牛奶</li>
</ul>
```

2.2.5 框架

使用框架可以在一个浏览器窗口中显示多个相互独立的 HTML 文档。

<frameset>元素将窗口拆分成框架，每个 frameset 元素定义一组行和列，行或列的值指明每个行或列在屏幕上所占的大小。

<frame>元素定义每个框架中放入的 HTML 文件地址。

注意：

（1）假如一个框架有可见边框，用户可以拖动边框来改变大小。如果不想让用户改变大小，可以在<frame>元素中加入 noresize="noresize"。

（2）给不支持框架的浏览器写上<noframes>元素。

（3）使用框架会产生多个页面，不容易管理，无法打印，对搜索引擎不够友好，而且会增加服务器的 http 请求，因此尽量少使用框架。

（4）Web 标准网页已经完全抛弃框架，最新的 HTML 5 也不再支持此标签，页面局部刷新效果可通过 Ajax 技术实现。

1. 垂直分栏

```
<html>
<frameset cols="25%, 50%, 25%">
  <frame src="a. htm">
  <frame src="b. htm">
  <frame src="c. htm">
</frameset>
</html>
```

2. 水平分栏

```
<html>
<frameset rows="25%, 50%, 25%">
  <frame src="a. htm">
  <frame src="b. htm">
  <frame src="c. htm">
</frameset>
</html>
```

3. 混合框架

```
<html>
<frameset rows="50%，50%">
  <frame noresize="noresize" src="a. htm">
  <frameset cols="25%，75%">
    <frame noresize="noresize" src="b. htm">
    <frame noresize="noresize" src="c. htm">
  </frameset>
</frameset>
</html>
```

4. 内联框架

```
<html>
<body>
<iframe src="intro. htm"></iframe>
  <p>Some older browsers don't support iframes. </p>
  <p>If they don't, the iframe will not be visible. </p>
</body>
</html>
```

2.2.6　字符实体

在 HTML 中，有些字符拥有特殊含义，例如小于号"<"定义为一个 HTML 元素的开始。如果需要浏览器显示这些字符，必须在 HTML 代码中插入字符实体。

在 HTML 中，最常见的字符实体就是不可拆分空格。通常，HTML 会合并文档中的空格，如果在 HTML 文本中连续写多个空格，只会显示 1 个。想要在 HTML 中插入空格，可以使用空格字符实体" "。

一个字符实体拥有三个部分：一个 and 符号"&"，一个实体名或者一个实体号，最后是一个分号";"，例如小于号就是"<"，或者"<"，空格是" "。

使用实体名字便于记忆，但并非所有的浏览器都支持最新的实体名，但是几乎所有的浏览器都能很好地支持实体号。

注意：实体名是大小写敏感的。

常用字符实体如表 2.1 所示。

表 2.1　　　　　　　　　　　常用的字符实体

显示结果	描述	实体名	实体号
	不可拆分的空格		

表2.1(续)

显示结果	描述	实体名	实体号
<	小于	&lt;	&#60;
>	大于	&gt;	&#62;
&	and 符号	&amp;	&#38;
"	引号	&quot;	&#34;
'	单引号	&apos;	&#39;
¢	分	&cent;	&#162;
£	英镑	&pound;	&#163;
¥	人民币元	&yen;	&#165;
§	章节	&sect;	&#167;
©	版权	&copy;	&#169;
®	注册	&reg;	&#174;
×	乘号	&times;	&#215;
÷	除号	&divide;	&#247;

2.3　实例内容

2.3.1　HTML 编辑器

在 HTML 编辑器选择上，既有 Dreamweaver 这类重量级的所见即所得的综合性专业开发工具，也有 Windows 操作系统附件中自带的记事本这一最简单编辑器，还有 Notepad2 和 Notepad++这类免费开源的轻量级编辑器。从 HTML 入门学习来说，需要多通过手写代码来加强代码的熟悉程度和应用水平，建议选择 Notepad2 或 Notepad++这类编辑器。这类开源文字编辑器软件既比 Dreamweaver 小巧简洁，又能提供记事本无法提供的语法高亮显示和自动换行缩进等功能，特别适用于手写代码。

1. Dreamweaver

Dreamweaver 最初由 Macromedia 公司开发，与 Flash 和 Fireworks 并称为网页三剑客。Dreamweaver 是一个"所见即所得"的可视化网站开发工具，主要用于动态网页的开发。Fireworks 主要是用于对网页上常用的 jpg、gif 图像进行制作和处理，也可用于制作网页布局。Flash 主要用来制作多媒体动画。Macromedia 公司于 2011 年被 Adobe 公司收购，网页三剑客最新版本分别为 Adobe Dreamweaver CC、Fireworks CS6 和 Flash Professional CC，其中 Fireworks 因与 Adobe 公司的 Photoshop、Illustrator、Edge Reflow 等产品有较多交叉，不再推出新版本。Dreamweaver 编辑界面如图 2.1 所示。

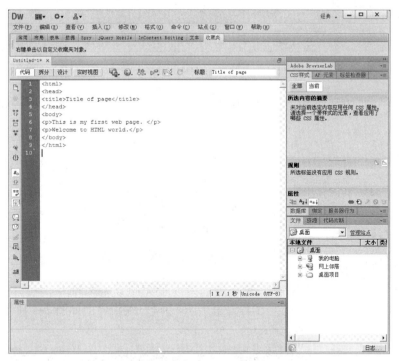

图 2.1　Dreamweaver **界面**

2. 记事本

记事本位于 Windows 操作系统的"开始"菜单——"所有程序"——"附件"中。记事本编辑界面如图 2.2 所示。

图 2.2　**记事本界面**

3. Notepad2

Notepad2 是一款轻量级的、免费的、开源的，类似于 Windows 记事本的文本编辑器，具有显示行号、内建各种程序语法的高亮度显示，支持 Unicode 与 UTF-8 等功能。Notepad2 编辑界面如图 2.3 所示。

下载地址：http：//www.flos-freeware.ch/notepad2.html。

图 2.3　Notepad2 界面

4. Notepad++

Notepad++同样是一款非常有特色的免费开源编辑器，支持 C、C++、Java、C#、XML、HTML、PHP、JS 等 27 种编程语言。Notepad++编辑界面如图 2.4 所示。

下载地址：http：//notepad-plus-plus.org/。

图 2.4　Notepad++界面

2.3.2　第一个网页实例

1. 编写代码

本书使用 Notepad2 作为 HTML 网页推荐编辑器，下载并打开 Notepad2，输入以下内容：

```
<html>
<head>
<title>First page</title>
</head>
<body>
  <p>This is my first web page. </p>
  <p>Welcome to HTML world. </p>
</body>
</html>
```

HTML 文档中，第一个标签是<html>，这个标签告诉浏览器这是 HTML 文档的开始。HTML 文档的最后一个标签是</html>，这个标签告诉浏览器这是 HTML 文档的终止。

在<head>和</head>标签之间的文本是头信息，不会显示在浏览器窗口中。

在<title>和</title>标签之间的文本是文档标题，显示在浏览器窗口的标题栏。

在<body>和</body>标签之间的文本是正文，显示在浏览器中。

在<p>和</p>标签之间是段落文字，显示在浏览器窗口内容区。

2. 保存 HTML

在 Notepad2 的"文件"菜单选择"另存为"，保存类型选择为"所有文件"，浏览选择网页保存文件夹，文件名文本框输入"first. htm"，保存文件。

3. 在浏览器中运行网页

打开网页保存文件夹，双击"first. htm"，可在浏览器中打开该网页，第一个 HTML 网页显示效果如图 2.5 所示。

图 2.5　第一个网页显示效果

2.3.3 标题实例

1. HTML 代码

```
<html>
<head>
<title>标题实例</title>
</head>
<body>
<h1>This is a heading 1</h1>
<h2>This is a heading 2</h2>
<h3>This is a heading 3</h3>
<h4>This is a heading 4</h4>
<h5>This is a heading 5</h5>
<h6>This is a heading 6</h6>
</body>
</html>
```

2. 代码说明

根据网页内容标题的层级性，可用对应级别的元素定义不同层级的标题。

<h1></h1>，定义一级标题。

<h6></h6>，定义六级标题。

标题显示效果如图 2.6 所示。

图 2.6 标题显示效果

2.3.4　段落与换行实例

1. HTML 代码

```
<html>
<head>
<title>换行实例</title>
<p>这是<br>换行<br>实例</p>
<p>这是
换行
实例</p>
<p>这是换行实例</p>
</body>
</html>
```

2. 代码说明

表示换行，一个
表示一次换行。

<p></p>，标记段落文字，段落内可放文字或图片等内容。

段落与换行显示效果如图 2.7 所示。

图 2.7　段落与换行显示效果

2.3.5　图像实例

1. 插入图像

（1）HTML 代码

```
<html>
<head>
<title>图像实例</title>
</head>
<! -- 插入背景图像 -->
<body background="background.jpg">
插入本地图像<img src="logo.jpg"> <br>
插入网络图像<img src="http：//www.baidu.com/img/bdlogo.gif" ><br>
</body>
</html>
```

（2）代码说明

<body background="background.jpg">，用于插入网页的背景图像，背景图像默认为平铺效果。

<img src="logo.jpg">，插入本地图像，使用相对地址，即网页文件与图像文件在文件夹中的相对位置关系，若 tu.htm 和 logo.jgp 都位于 web 文件夹根目录下，则图像源地址为 logo.jpg；若 tu.htm 位于 web 文件夹根目录下，logo.jpg 位于 web 文件夹根目录下的 pic 文件夹中，则图像源地址为 pic/logo.jpg。

<img src="http：//www.baidu.com/img/bdlogo.gif">，插入外部网络图像，注意需提取外部图像的完整 url 地址，包括"http：//"前缀，url 尽量不包含任何参数。

图像显示效果如图 2.8 所示。

图 2.8　图像显示效果

2. 图像对齐方式

（1）HTML 代码

```
<html>
<head>
<title>图像实例</title>
</head>
<! -- 插入背景图像 -->
<body background="background. jpg">
图像默认对齐<img src="logo. jpg"><br>
图像底部对齐<img src="logo. jpg" align="bottom"><br>
图像中间对齐<img src="logo. jpg" align="middle"><br>
图像顶部对齐<img src="logo. jpg" align="top"><br>
</body>
</html>
```

（2）代码说明

<img src="logo. jpg">，插入图像，默认对齐方式，图像底部与文字行底部对齐。

<img src="logo. jpg" align="bottom">，插入图像，设置为图像底部对齐方式，显示效果同默认对齐方式。

<img src="logo. jpg" align="middle">，插入图像，设置为图像中间对齐方式，图像中心与文字中心对齐。

<img src="logo. jpg" align="top">，插入图像，设置为图像顶部对齐方式，图像顶部与文字顶部对齐。

图像对齐方式显示效果如图 2.9 所示。

图 2.9　图像对齐方式显示效果

3. 图像浮动方式

（1）HTML 代码

```
<html>
<head>
<title>图像实例</title>
</head>
<! -- 插入背景图像 -->
<body background="background.jpg">
<p><img src="logo.jpg" align="left">图像位于文字的左边图像位于文字的左边
图像位于文字的左边图像位于文字的左边图像位于文字的左边图像位于文字的左边
</p>
<p><img src="logo.jpg" align="right">图像位于文字的右边图像位于文字的右
边图像位于文字的右边图像位于文字的右边图像位于文字的右边图像位于文字的右
边图像位于文字的右边图像位于文字的右边图像位于文字的右边 </p>
</body>
</html>
```

（2）代码说明

<img src="logo.jpg" align="left">，插入图像，设置图像浮动到段落的左边。

<img src="logo.jpg" align="right">，插入图像，设置图像浮动到段落的右边。

图像浮动方式显示效果如图 2.10 所示。

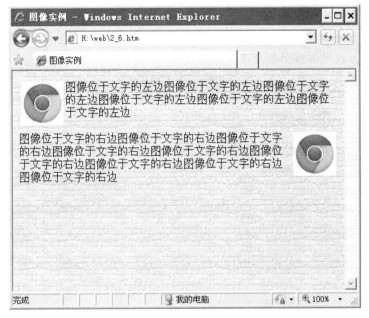

图 2.10　图像浮动方式显示效果

2.3.6　链接实例

1. HTML 代码

```
<html>
<head>
<title>链接实例</title>
</head>
<body>
<h1><a name="top">超级链接实例</a></h1>
图像链接至 Chrome 浏览器<a href="http://chrome.google.com"><img src="logo.jpg" alt="Chrome Logo"></a><br><br>
<a href="http://www.ctbu.edu.cn">外部链接至重庆工商大学</a><br><br>
<a href="fisrt.htm" target="_blank">在新浏览器窗口中打开链接</a><br><br>
<a href="first.htm">本地链接到本书第一个 HTML 页面</a><br><br>
<a href="mailto:mongvi@126.com">电子邮件链接至本书作者邮箱</a><br>
<br>
<br>
<br>
<br>
<br>
<br>
<br>
<br>
<a href="#top">回到顶部</a>
</body>
</html>
```

2. 代码说明

<a name="top">超级链接实例</a>，定义锚点，<a href="#top">回到顶部</a>定义锚链接。点击"回到顶部"，便可跳转显示最顶部内容。

<a href="http://chrome.google.com"><img src="logo.jpg" alt="Chrome Logo"></a>，这部分代码插入一张本地图像 logo.jpg，并链接到一个外部网址 http://chrome.google.com。

<a href="http://www.ctbu.edu.cn">外部链接至重庆工商大学</a>，给文字添加外部链接。

<a href="fisrt.htm" target="_blank">，在新浏览器窗口打开一个链接网页 fisrt.htm，若无 target="_blank"，则默认在本浏览器窗口打开新链接网页。

<a href="first.htm">本地链接到本书第一个 HTML 页面</a>，定义文字"本地链

接到本书第一个 HTML 页面"链接到本地网页文件 first. htm。

<a href="mailto：mongvi@ 126. com">电子邮件链接至本书作者邮箱</a>，定义一个电子邮件链接 mongvi@ 126. com，若安装有邮件客户端，则会自动打开，并将电子邮件地址填充在邮件客户端的收件人地址栏。

超级链接显示效果如图 2.11 所示。

图 2.11　链接显示效果

2.3.7　表格实例

1. HTML 代码

```
<html>
<head>
<title>表格实例</title>
</head>
<body>
<h1>一行一列表格：</h1>
<table border="1">
  <tr>
    <td>1</td>
  </tr>
</table>
<h1>一行三列表格：</h1>
<table border="1">
  <tr>
    <td>11</td>
    <td>12</td>
    <td>13</td>
```

```
    </tr>
  </table>
  <h1>三行一列表格：</h1>
  <table border="1">
    <tr>
      <td>11</td>
    </tr>
    <tr>
      <td>21</td>
    </tr>
    <tr>
      <td>31</td>
    </tr>
  </table>
  <h4>二行三列表格：</h4>
  <table border="1">
    <tr>
      <td>11</td>
      <td>12</td>
      <td>13</td>
    </tr>
    <tr>
      <td>21</td>
      <td>22</td>
      <td>23</td>
    </tr>
  </table>
  </body>
</html>
```

2. 代码说明

本网页共显示 4 个表格，分别是一行一列表格、一行三列表格、三行一列表格、二行三列表格。

如果没有设置表格宽度和高度，表格会根据单元格内容自适应大小。对于表格高度和宽度、表格合并、表格颜色和边框等将在后续章节介绍。

注意：表格行、列数量是对应的，即每列有相同的单元格，称为行数；每行有相同的单元格，称为列数。

表格显示效果如图 2.12 所示。

图 2.12　表格显示效果

2.3.8　列表实例

1. HTML 代码

```
<html>
<head>
<title>列表实例</title>
</head>
<body>
<h4>无序列表：</h4>
<ul>
  <li>咖啡</li>
  <li>茶</li>
    <ul>
      <li>绿茶</li>
      <li>红茶</li>
    </ul>
  <li>牛奶</li>
</ul>
<h4>有序列表：</h4>
<ol>
  <li>咖啡</li>
  <li>茶</li>
```

```
    <li>牛奶</li>
</ol>
</body>
</html>
```

2. 代码说明

本网页共有两个列表，第一个是无序列表，使用<ul></ul>标签标记；第二个是有序列表，使用<ol></ol>标签标记。列表项使用<li></li>标签标记。

其中，第一个无序列表的一个列表项还嵌套一个无序列表。

列表显示效果如图 2.13 所示。

图 2.13　列表显示效果

2.3.9　框架实例

1. HTML 代码

```
<html>
<head>
<title>框架实例</title>
</head>
<frameset rows = "100，*">
<frame src = "top.htm">
    <frameset cols = "30%，70%">
    <frame src = "left.htm">
    <frame src = "right.htm">
    </frameset>
</frameset>
</html>
```

2. 代码说明

本网页定义一个框架，框架先拆分为上下两行，第一行为 100 像素高，显示 top. htm 网页内容，第二行自动适应高度。

第二行又拆分为左右两列，其中第一列宽度为 30%，显示 left. htm 网页内容；第二列宽度为 70%，显示 right. htm 网页内容。

若不需要显示框架边框，则在<frame>标签内增加属性 frameborder＝"0"。

框架显示效果如图 2.14 所示。

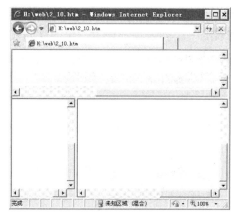

图 2.14　框架显示效果

2.4　实践练习

2.4.1　实例练习

将本章实例部分所有实例代码练习一遍，并对代码进行修改，对比显示效果。

2.4.2　综合练习

自行设计一份个人简历，能比较完整地表达个人的相关信息，需要综合应用到本章实例部分所学全部 HTML 元素。

第 3 章　HTML 综合

3.1　学习目的与基本要求

1. 掌握 HTML 常用格式。
2. 掌握 HTML 元素和属性综合应用。
3. 掌握 HTML 表格布局。

3.2　理论知识

3.2.1　HTML 属性单位

1. 色彩基础

RGB 色彩模式是工业界的一种颜色标准，通过对红（Red）、绿（Green）、蓝（Blue）三个颜色通道的变化以及相互之间的叠加来得到各种不同的颜色。RGB 即是代表红、绿、蓝三个通道的颜色，这个标准几乎包括人类视力所能感知的所有颜色，是目前应用最为广泛的颜色系统之一。RGB 色彩模式使用 RGB 模型为图像中每一个像素的 RGB 分量分配一个 0~255 范围内的强度值，只使用三种颜色，就可以按照不同的比例混合，在屏幕上显示 16777216（256×256×256）种颜色。

Web 网页是基于计算机浏览器开发的媒体，所以颜色以光学颜色 RGB（红、绿、蓝）为主，有四种表达方式，分别是颜色名称、RGB 值、RGB 百分比值、十六进制数。例如红色，分别可用 red、rgb（255，0，0）、rgb（100%，0%，0%）、#ff0000 表示，如表 3.1 所示。

表 3.1　　　　　　　　　　　　　HTML 颜色表示方法

单位	描述
颜色名	颜色名称（例如 red）
rgb（x，x，x）	RGB 值（例如，rgb（255，0，0））
rgb（x%，x%，x%）	RGB 百分比值（例如，rgb（100%，0%，0%））
#rrggbb	十六进制数（例如，#ff0000）

网页颜色以十六进制数表达方法应用最广泛，红、绿、蓝三种颜色按不同比例混合可得到不同的颜色，一般格式为#defabc（字母范围从 a~f，数字从 0~9）。黑色是红、绿、蓝三种光强度都为零，代码是#000000；白色是三种光都为 ff，代码是#ffffff；灰色是相同强度的红、绿、蓝混合而成，例如#999999；纯红色代码是#ff0000，纯绿色代码是#00ff00，纯蓝色代码是#0000ff。

HTML 4.0 标准支持 16 种颜色名，如表 3.2 所示。

表 3.2　　　　　　　　　　　　HTML 4.0 标准支持 16 种颜色名

RGB	颜色代码	颜色名	颜色名称
(255, 0, 255)	#ff00ff	fuchsia	品红色
(0, 0, 255)	#0000ff	blue	蓝色
(0, 255, 255)	#00ffff	aqua	青色
(0, 255, 0)	#00ff00	green	绿色
(255, 255, 0)	#ffff00	yellow	黄色
(255, 0, 0)	#ff0000	red	红色
(128, 0, 128)	#800080	purple	紫色
(0, 0, 128)	#000080	navy	深蓝色
(0, 128, 128)	#008080	teal	墨绿色
(0, 128, 0)	#008000	green	深绿色
(128, 128, 0)	#808000	olive	橄榄色
(128, 0, 0)	#800000	maroon	栗色
(0, 0, 0)	#000000	black	黑色
(128, 128, 128)	#808080	gray	灰色
(192, 192, 192)	#c0c0c0	silver	银色
(255, 255, 255)	#ffffff	white	白色

2. 色彩小工具

（1）色彩表格

网址：http://html-color-codes.info/chinese/。

利用这张动态 HTML 色彩表格工具，可以获取基本色彩的 HTML 代码，点击任何一个颜色块来获取 HTML 色彩代码。色彩表格画面如图 3.1 所示。

（2）ColorToy

下载地址：http://www.colortoy.net/free/。

ColorToy 工具可以非常方便地通过滑动红、绿、蓝三种颜色的比例，混合得到新的颜色，并自动生成五种配套颜色，还具有随机配色功能。ColorToy 软件界面如图 3.2 所示。

图 3.1　HTML 色彩表格

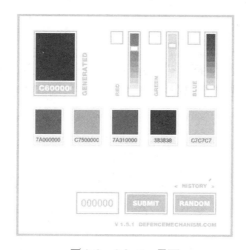

图 3.2　ColorToy 界面

（3）ColorPix

下载地址：http：//www. colorschemer. com/colorpix_ info. php。

ColorPix 是一个轻量级的屏幕取色软件，功能类似于 Photoshop 等图像软件的吸管工具，可以获得某点的颜色值，还可将区域放大多倍后精确获取某点颜色，给出 RGB、HEX、HSB、CMYK 四种格式的颜色代码。ColorPix 软件界面如图 3.3 所示。

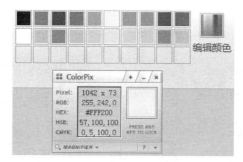

图 3.3　ColorPix 界面

3. 尺寸单位

HTML 尺寸单位包括相对单位和绝对单位两类。相对长度单位有 em、ex、px 等，绝对长度单位有 pt、pc、in、cm、mm 等。

各尺寸单位间换算关系为：1in＝2.54cm＝25.4mm＝72pt＝6pc。

（1）em

相对长度单位，相对于当前对象内文本的字体尺寸。

如果当前行内文本的字体尺寸未被人为设置，则相对于浏览器的默认字体尺寸。如：

```
div {
    font-size: 1.2em;
}
```

（2）ex

相对长度单位，相对于字符"x"的高度，此高度通常为字体尺寸的一半。

如果当前行内文本的字体尺寸未被人为设置，则相对于浏览器的默认字体尺寸。如：

```
div {
    font-size: 1.2ex;
}
```

（3）px

相对长度单位，像素（Pixel）。

像素是相对于显示器屏幕分辨率而言的。例如 Windows 操作系统用户所使用的屏幕分辨率一般是 96 像素/英寸，而 Mac 用户所使用的分辨率一般是 72 像素/英寸。如：

```
div {
    font-size: 12px;
}
```

（4）pt

绝对长度单位，点（Point）。如：

```
div {
    font-size: 9pt;
}
```

（5）pc

绝对长度单位，派卡（Pica）。如：

```
div {
    font-size: 0.75pc;
}
```

（6）in

绝对长度单位，英寸（Inch）。如：

```
div {
    font-size: 0.13in;
}
```

（7）cm

绝对长度单位，厘米（Centimeter）。如：

```
div {
    font-size: 0.33cm;
}
```

（8）mm

绝对长度单位，毫米（Millimeter）。如：

```
div {
    font-size: 3.3mm;
}
```

3.2.2 文字效果

文字效果主要包括字体、字号、文字颜色，以及格式化标签、引用和术语定义，详见表 3.3、表 3.4。字体、字号和颜色使用<font>标签定义。如：

```
<font size="3" color="red">This is some text! </font>
<font size="2" color="blue">This is some text! </font>
<font face="verdana" color="green">This is some text! </font>
```

注意：Web 标准不支持<font>标签，文字效果使用 CSS 样式定义。

表 3.3　　　　　　　　　　　　　　　文本格式化标签

标签	描述
<b>	定义粗体文本。
<big>	定义大号字。
<em>	定义着重文字。
<i>	定义斜体字。
<small>	定义小号字。
<strong>	定义加重语气。
<sub>	定义下标字。
<sup>	定义上标字。
<ins>	定义插入字。
<del>	定义删除字。
<s>	不赞成使用。使用<del>代替。
<strike>	不赞成使用。使用<del>代替。
<u>	不赞成使用。使用样式（style）代替。

表 3.4　　　　　　　　　　　　　　　引用和术语定义

标签	描述
<abbr>	定义缩写。
<acronym>	定义首字母缩写。
<address>	定义地址。
<bdo>	定义文字方向。
<blockquote>	定义长的引用。
<q>	定义短的引用语。
<cite>	定义引用、引证。
<dfn>	定义一个定义项目。

3.2.3　图像效果

图像效果主要包括设置图像的替换文字（alt 属性）、图像大小、图像对齐方式、图像浮动方式、图像边框等。

图像替换文字使用 alt 属性定义，当鼠标移至图像上方时，会显示替换文字，当图像无法显示时，图片区域则显示替换文字。如：

```
<img src = "logo. jpg"  alt = "Google">
```

图像大小通过 width 和 height 属性进行定义，尺寸单位一般采用像素。如：

```
<img src = "logo. jpg" width = "100" height = "100">
```

图像对齐方式使用 align 属性进行定义，包括底部对齐（属性值为 bottom），居中对齐（属性值为 middle）、顶部对齐（属性值为 top），默认对齐方式是 bottom 底部对齐方式。如：

```
<p>图像 <img src = "logo. jpg" align = "bottom">在文本中底部对齐</p>
<p>图像 <img src = "logo. jpg" align = "middle"> 在文本中居中对齐</p>
<p>图像 <img src = "logo. jpg" align = "top"> 在文本中顶部对齐</p>
```

图像浮动方式也使用 align 属性进行定义，包括浮动到段落左侧（属性值为 left）、浮动到段落右侧（属性值为 right）。如：

```
<p><img src = "logo. jpg" align = "left">带有图像的一个段落。图像的 align 属性
设置为"left"。图像将浮动到文本的左侧。
</p>
<p><img src = "logo. jpg" align = "right"> 带有图像的一个段落。图像的 align 属
性设置为"right"。图像将浮动到文本的右侧。
</p>
```

3.2.4　表格效果

1. 表格重要属性

在一个最基本的表格中，必须包含一组<table>元素，一组<tr>元素和一组<td>元素或<th>元素。表格重要属性有：

width，表格的宽度。

height，表格的高度。

align，表格在页面的水平摆放位置。

background，表格的背景图片。

bgcolor，表格的背景颜色。

border，表格边框的宽度。

bordercolor，表格的边框颜色。

bordercolorlight，表格边框明亮部分的颜色。

bordercolordark，表格边框昏暗部分的颜色。

cellspacing，单元格之间的间距。

cellpadding，单元格内容和单元格边界之间的空白距离的大小。

2. 表格属性介绍

（1） width

此属性定义表格的宽度。取值从 0 开始，默认以像素为单位，与显示器分辨率的像素一致。表格宽度超过显示分辨率，会导致浏览器出现横向滚动条，浏览网页需要纵向和横向同时滚动，非常不方便。最外层表格宽度最好是固定像素值，而不能随显示分辨率变化的百分比变化，百分比分辨率会使得网页内容在不同显示分辨率下具有不同的显示效果。因此在设置表格宽度时，要考虑主流显示分辨率，目前一般设置为 1000 像素左右。最外层表格宽度固定后，表格内嵌套表格则可以使用百分比宽度，例如 width = "60%"，百分比宽度也可转换为固定像素。

（2） height

此属性定义表格的高度。取值方法同 width。如果不是特别需要，建议不设置表格的高度，因为系统会根据表格的内容自动设置高度。所谓特别需要，是指一些特殊的情形下，需要表格的高度精确。例如，当通过表格的背景来发一张图片时，如果表格的高度不精确定义，图片就不能完整或完美地显示。

（3） align

此属性定义表格的对齐方式。值有 left（左对齐，默认）、center（居中）以及 right（右对齐）。align 定义的是表格自身的位置，使用 align 属性来规定表格的对齐方式，尽量不要使用<p align = "center">表格</p>、<div align = "center">表格</div>和<center>表格</center>之类的标签来规定表格的位置。此外，当表格的宽度设置为 100%，或者表格的宽度设置成占满表格所在容器的宽度时，没有必要定义 align 属性。

<tr>和<td>元素也有 align 属性，用于定义行内或单元格内容的对齐方式。

（4） background

此属性定义表格的背景图像。其值为一个有效的图像地址。<td>和<tr>也有此属性。同时设置背景颜色和背景图像不冲突，我们也建议这么做，这样，当背景图像不能显示时，仍然可以显示背景颜色。

（5） bgcolor

表格的背景颜色。取值方法举例：bgcolor = " #ff0000" 或 bgcolor = " red"。<td>和<tr>也可有此属性，如果同时设置表格的背景颜色和表格单元格的背景颜色，实际效果以最内层元素定义属性为准，这种情况主要用于多单元格的表格。

（6） border

此属性定义表格的边框。例如，border = "1"，表示表格边框的宽度为 1 个像素（默认值），0 表示没有边框。

（7） bordercolor

此属性定义表格的边框颜色。当 border 值不为 0 时设置此值有效。取值同 bgcolor。

（8） bordercolorlight

此属性定义亮边框颜色。亮边框指表格的左边和上边的边框。当 border 值不为 0 时设置此值有效。

（9）bordercolordark

此属性定义暗边框颜色。暗边框指表格的右边和下边的边框。当 border 值不为 0 时设置有效。

（10）cellspacing

此属性定义单元格间距。当一个表格有多个单元格时，各单元格的距离就是 cellspacing，如果表格只有一个单元格，那么，cellspacing 就是这个单元格与表格上、下、左、右边边框的距离。

（11）cellpadding

此属性定义单元格边距。这是指该单元格里的内容与 cellspacing 区域的距离，如果 cellspacing 为 0，则表示单元格里的内容与表格周边边框的距离。

注意：

①表格每一行的所有单元格高度相同，若需定义行的高度，只需要在该行<tr>元素增加 height 属性，或者在该行任一单元格<td>元素增加 height 属性。

②表格每一列的所有单元格宽度相同，若需要定义列的宽度，只需要在该列任一单元格<td>元素增加 width 属性。

③若要求同一行高度不相同，或同一列宽度不相同，则必须通过表格横向或纵向合并单元格实现。

④默认情况下，表格的宽度和高度根据内容自动调整。如果设置表格的宽度和高度，表格会按照设定值调整各行高度和各列宽度。

⑤默认表格的边框宽度为零，即不显示表格的边框。若表格有边框，则表格总高度等于各行高度加上边框宽度之和，表格总宽度等于各列宽度加上边框宽度之和。

3. 表格属性示例

HTML 表格主要属性说明与示例如表 3.5 所示。

表 3.5　　　　　　　　　　　　　　　HTML 表格属性

属性	说明	示例
width	表格宽度，属性值为百分比%，或像素	表格宽度：<table width="300"> 表格行宽度：<tr width="300"> 表格单元格宽度：<td width="300"> 表格列宽度：<td width="300">
height	表格高度，属性值为像素	表格高度：<table height="300"> 表格行高度：<tr height="300"> 表格单元格高度：<td height="300">
align	表格水平对齐方式 居中：center 左对齐：left 右对齐：right	表格水平居中对齐方式：<table aligh="center"> 表格行内容水平左对齐方式：<tr aligh="left"> 表格单元格内容水平右对齐方式：<td aligh="right">
valign	表格垂直对齐方式 居中：center 顶对齐：top 底对齐：bottom	表格行内容垂直居中对齐方式：<tr valign="center"> 表格单元格内容垂直居中对齐方式：<td valigh="center">

表3.5(续)

属性	说明	示例
border	表格边框线的粗细，属性值为像素 若表格边框值为 0，则不显示边框	表格边框：<table border="1"> 表格行边框：<tr border="1"> 表格单元格边框：<td border="1">
bgcolor	表格背景颜色，属性值为颜色代码	表格背景颜色：<table bgcolor="#ff0000"> 表格行背景颜色：<tr bgcolor="#ff0000"> 表格单元格背景颜色：<td bgcolor="#ff0000">
background	表格背景图像，属性值为图像地址	表格背景图像：<table background="bg. gif"> 表格行背景图像：<tr background="bg. gif"> 表格单元格背景图像：< td background = " bg. gif">
bordercolor	表格边框线颜色，属性值为颜色代码 前提条件是边框宽度值不为零	表格边框颜色： <table border="1" bordercolor="#ff0000"> 表格行边框颜色： <tr border="1" bordercolor="#ff0000"> 表格单元格边框颜色： <td border="1" bordercolor="#ff0000">
cellspacing	表格间距，属性值为像素	表格间距：<table cellspacing="1"> 表格行间距：<tr cellspacing="1"> 表格单元格间距：<td cellspacing="1">
cellpadding	表格边距，属性值为像素	表格边距：<table cellpadding="1"> 表格行边距：<tr cellpadding="1"> 表格单元格边距：<td cellpadding="1">
colspan	单元格水平跨度，横向合并单元格个数	<td colspan="3">
rowspan	单元格垂直跨度，纵向合并单元格个数	<td rowspan="3">

3.2.5 HTML 常用元素

编写 HTML 网页实际用到的元素并不太多，包括文档基本结构元素、文字元素、图像元素、链接元素，文字和图像通过表格进行排版布局，文字、图像和表格显示效果则通过属性实现。常用 HTML 元素如表 3.6 所示。

表 3.6　　　　　　　　　　　　　　HTML 常用元素

元素	符号	说明
文档结构	<html> <head> <title></title> </head> <body> </body> </html>	html 文档基本结构

表3.6(续)

元素	符号	说明
文字	`<b></b>`	字体

	`<h1></h1>`
	……．
	`<h6></h6>`
		标题

	`<p></p>`	段落
	` `	空格
	` `	换行
	`<hr>`	水平线
	`<pre></pre>`	预格式化文本

列表	`<ul>`
	　`<li> </li>`
	　`<li> </li>`
	　`<li> </li>`
	`</ul>`
		无序列表

	`<ol>`
	　`<li> </li>`
	　`<li> </li>`
	　`<li> </li>`
	`</ol>`
		有序列表

图像	`<img src=" cloud. jpg" align=" bot-tom" alt=" cloud" width=" 144" height=" 50" >`	插入图像 cloud. jpg，宽 144 像素、高 5 像素，底部对齐，替换文字为 cloud

表格	`<table border=" 1" >`
	`<tr>`
	　`<td></td>`
	　`<td></td>`
	　`<td></td>`
	`</tr>`
	`</table>`
		一行三列表格，表格边框宽度为 1 像素，若 border=" 0"，则无边框

	`colspan=3` `rowspan=3`	合并单元格，跨列、跨行

	`width=" 200"`
	`height=" 100"`
	`width=20%`
	`height=10%`
		表格宽度、高度，像素
		表格宽度、高度，百分比

显示效果	`bgcolor=" #ff0000"`	背景颜色， 可用于`<body>`、`<table>`、`<tr>`、`<td>`内
	`text=" #ffff00"`	文字颜色
	`align=" left"`	文字对齐方式， 可用于`<td>`、`<p>`， 有 left、right、center 三种形式

表3.6(续)

元素	符号	说明
链接	<a name="tips">Useful</a> <a name="#tips">Jump to Useful</a>	锚链接，先命名为 tips，再链接
	<a href="1. htm">text</a>	本地文件链接
	<a href="http: //www. w3schools. com/" target="_ blank">Visit W3Schools！</a>	外部地址链接，新窗口打开
	<a href="1. htm"><img border="0" src="1. gif"></a>	图像链接， 实际上是先插入图像，再增加链接
	<a href="mailto: mongvi@ 126. com">Send Mail</a>	电子邮件链接

3.2.6　HTML 表格布局

表格布局主要包括两种应用场景：一是数据表格排版，二是网页内容排版。

数据表格，类似于 Word 文档中的表格，Word 文档中需要表格的场合，在 HTML 网页中也适合表格排版，主要涉及表格行数、列数、各行和各列的宽度和高度，部分场景下还涉及表格单元格的横向或纵向合并。在单元格合并时，加上水平跨度数和垂直跨度数后，要确保所有行的列数都相等，所有列的行数都相等。

对于网页内容排版，表格布局曾经是网页布局的主流方法。但表格最大的特点是各行、各列的单元格都是对齐的，调整其中一行单元格的列宽，会同时调整其他行对应列单元格的宽度，无法灵活地单独调整任意行各单元格的宽度。因此采用表格布局网页内容不建议采用单元格拆分或合并方式，而是在需要拆分的行内嵌套表格，各行单元格内嵌套的表格可独立调整各类宽度，具有更好的灵活性。

1. 第一层表格

根据网站内容，第一层表格一般可划分为顶部、中部和底部三大区域。顶部区域主要是网站 Logo、多语言版本、搜索、栏目导航等。中部区域是网页的主体内容区，如果是网站首页面或栏目首页面，中部主要是各栏目的列表，每个栏目下会显示该栏目最新文章列表。如果是文章页面，中部则是文章内容，包括文章标题、文章发布时间、浏览量、文章图文内容等。底部区域一般是网站链接、网站各类说明。如：

```
<! DOCTYPE HTML PUBLIC "-//W3C//DTD HTML 4.0 Transitional//EN">
<html>
<head>
<META content="text/html; charset=UTF-8" http-equiv=Content-Type>
<title>表格布局</title>
</head>
<body>
```

```
<table width="1000" border="1" align="center">
  <tr>
    <td height="40">顶部区</td>
  </tr>
</table>
<table width="1000" border="1" align="center">
  <tr>
    <td height="222">中部区</td>
  </tr>
</table>
<table width="1000" border="1" align="center">
  <tr>
    <td height="102">底部区</td>
  </tr>
</table>
</body>
</html>
```

第一层表格三大内容区域显示效果如图 3.4 所示。

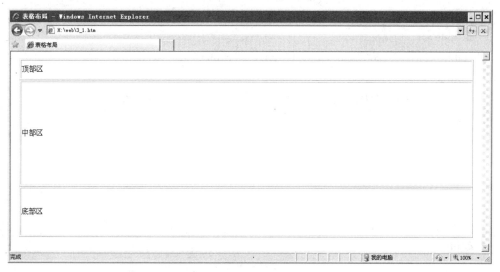

图 3.4　第一层表格显示效果

2. 第一层表格拆分

在顶部区一般会有网站 Logo、栏目导航等子区，在中部主体内容区一般会有栏目、专栏等子区，在底部区一般会有网站导航、网站说明等子区。需要根据子区数量、子区水平排列或垂直排列方式，将第一层的表格拆分成相应的行数和列数。如：

```
<! DOCTYPE HTML PUBLIC "-//W3C//DTD HTML 4.0 Transitional//EN">
<html>
<head>
<META content="text/html; charset=UTF-8" http-equiv=Content-Type>
<title>表格布局</title>
</head>
<body>
<table width="1000" border="1" align="center">
  <tr>
    <td height="19">顶部子区一</td>
  </tr>
  <tr>
    <td height="19">顶部子区二</td>
  </tr>
</table>
<table width="1000" border="1" align="center">
  <tr>
    <td width="200" height="222">中部子区一</td>
    <td width="698">中部子区二</td>
    <td width="200">中部子区三</td>
  </tr>
</table>
<table width="1000" border="1" align="center">
  <tr>
    <td height="50">底部子区一</td>
  </tr>
  <tr>
    <td height="50">底部子区二</td>
  </tr>
</table>
</body>
</html>
```

第一层表格拆分显示效果如图 3.5 所示。

图 3.5　第一层表格拆分显示效果

3. 第二层表格

为实现各子区独立布局网页内容，在第一层表格各单元格内嵌套第二层表格。如：

```
<! DOCTYPE HTML PUBLIC "-//W3C//DTD HTML 4.0 Transitional//EN">
<html>
<head>
<META content="text/html; charset=UTF-8" http-equiv=Content-Type>
<title>表格布局</title>
</head>
<body>
<table width="1000" border="1" align="center">
  <tr>
    <td height="19"><table width="100%" height="74" border="1">
      <tr>
        <td width="22%" height="68">Logo 区</td>
        <td width="78%">服务导航区</td>
      </tr>
    </table></td>
  </tr>
  <tr>
    <td height="19"><table width="100%" border="1">
      <tr>
        <td>搜索区</td>
      </tr>
```

```
    <tr>
      <td>栏目导航区</td>
    </tr>
  </table></td>
  </tr>
</table>
<table width="1000" border="1" align="center">
  <tr>
    <td width="200" height="222" valign="top"><table width="100%" border="1" align="left">
      <tr>
        <td height="50">专栏区</td>
      </tr>
      <tr>
        <td height="50">专栏区</td>
      </tr>
      <tr>
        <td height="50">专栏区</td>
      </tr>
      <tr>
        <td height="50">专栏区</td>
      </tr>
      <tr>
        <td height="50">专栏区</td>
      </tr>
    </table></td>
    <td width="698" valign="top"><table width="100%" border="1">
      <tr>
        <td height="84" colspan="2">头条新闻区</td>
      </tr>
      <tr>
        <td width="50%" height="60">子栏目区</td>
        <td>子栏目区</td>
      </tr>
      <tr>
        <td height="60">子栏目区</td>
        <td>子栏目区</td>
      </tr>
```

```
      <tr>
        <td height="60">子栏目区</td>
        <td>子栏目区</td>
      </tr>
      <tr>
        <td height="60">子栏目区</td>
        <td>子栏目区</td>
      </tr>
    </table></td>
    <td width="200" valign="top"><table width="100%" border="1" align="left">
      <tr>
        <td height="50">专题区</td>
      </tr>
      <tr>
        <td height="50">专题区</td>
      </tr>
      <tr>
        <td height="50">专题区</td>
      </tr>
      <tr>
        <td height="50">专题区</td>
      </tr>
      <tr>
        <td height="50">专题区</td>
      </tr>
    </table></td>
  </tr>
</table>
<table width="1000" border="1" align="center">
  <tr>
    <td height="50">网站导航区</td>
  </tr>
  <tr>
    <td height="50">网站说明区</td>
  </tr>
</table>
```

```
</body>
</html>
```

第二层表格嵌套显示效果如图 3.6 所示。

图 3.6　第二层嵌套表格显示效果

4. 第三层表格

为实现各子区内容的灵活布局，还可进一步嵌套表格，例如主体内容区的中间主要包括头条新闻区和各子栏目区。头条新闻区一般包括图片头条和文字头条两类内容，这两类内容通常横向并排，与各子栏目区列宽无法对应，则可以将头条新闻区合并为一行后，再嵌套一个表格，对该嵌套表格设置行列数及宽度和高度。根据需要，还可进一步嵌套更多层的表格。

注意：表格布局元素嵌套复杂，需在整个表格代码下载完毕后，浏览器才能对其解释显示效果，而且表格布局一般固定高度和宽度，无法自动适应不同的屏幕分辨率。因此 Web 标准网页不推荐使用表格布局页面，表格应回归到数据表格的本来用途。

3.3　实例内容

3.3.1　文字效果实例

文字效果主要包括<font>标签定义的属性和各种格式化标签。

1. HTML 代码

```
<html>
<head>
<title>字体实例</title>
</head>
```

```
<body>
<font size="3" color="red">这是红色 3 号大小文字。</font>
<br>
<font size="5" color="blue">这是蓝色 5 号大小文字</font>
<br>
<font face="宋体" color="green">这是绿色默认大小宋体字</font>
<br>
缩写：
The <abbr title="People's Republic of China">PRC</abbr> was founded in 1949.
<br>
首字母缩写：
<acronym title="World Wide Web">WWW</acronym>
<br>
地址：
<address>
<a href="mailto：mongvi@126.com">本书作者信箱</a>
<br>
重庆工商大学
<br>
重庆市南岸区学府大道 21 号
</address>
<br>
<center>center 定义文本水平居中</center>
<b>b 定义粗体文本</b>
<br>
<strong>strong 定义加重语气</strong>
<br>
<big>big 定义大号字</big>
<br>
<em>em 定义着重文字</em>
<br>
<i>i 定义斜体字</i>
<br>
<small>small 定义小号字</small>
<br>
sub 定义<sub>下标</sub>字
<br>
```

```
sup 定义<sup>上标</sup>字
<br>
del 定义<del>删除</del>字
</body>
</html>
```

2. 代码说明

<font size="3" color="red"> </font>，定义 3 号红色文字。

<font size="5" color="blue"> </font>，定义 5 号蓝色文字。

<font face="宋体" color="green"> </font>，定义默认大小，即 3 号绿色宋体文字。

<abbr title="People's Republic of China"> </abbr>，定义缩写。

<acronym title="World Wide Web"> </acronym>，定义首字母缩写。

<address> </address>，定义地址。

<center> </center>，定义文字居中。

<b> </b>，定义粗体文字。

<strong> </strong>，定义加重语气文字。

<big> </big>，定义大号文字。

<em> </em>，定义着重文字。

<i> </i>，定义斜体文字。

<small> </small>，定义小号文字。

，定义下标文字。

，定义上标文字。

<del> </del>，定义删除文字。

文字显示效果如图 3.7 所示。

图 3.7　文字显示效果

3.3.2　图像效果实例

1. 图像大小

（1）HTML 代码

```
<！DOCTYPE HTML PUBLIC "-//W3C//DTD HTML 4.0 Transitional//EN">
<html>
<head>
<title>图像大小实例</title>
</head>
<body>
图像宽高为原始大小<img src="logo.jpg"> <br>
图像宽高为 20 像素<img src="logo.jpg" width="20" height="20"> <br>
图像宽高为 50 像素<img src="logo.jpg" width="50" height="50"> <br>
图像宽高为 100 像素<img src="logo.jpg" width="100" height="100"> <br>
</body>
</html>
```

（2）代码说明

<img src="logo.jpg">，图像默认显示为原始大小，宽 62 像素，高 62 像素。

<img src="logo.jpg" width="20" height="20">，图像大小显示为宽 20 像素，高 20 像素。

<img src="logo.jpg" width="50" height="50">，图像大小显示为宽 50 像素，高 50 像素。

<img src="logo.jpg" width="100" height="100">，图像大小显示为宽 100 像素，高 100 像素。

注意：我们并不建议采用这种方式调整图像大小，因为大图像缩小显示，但图像文件尺寸仍然保持较大，而小图像放大会变得模糊。建议采用图像处理软件将图像调整为合适尺寸后，按原始大小显示，可达到最佳效果。

图像大小显示效果如图 3.8 所示。

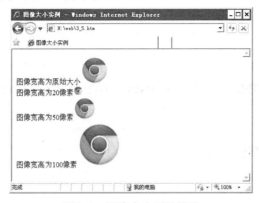

图 3.8　图像大小显示效果

2. 图像边框和 alt 属性

（1）HTML 代码

```
<! DOCTYPE HTML PUBLIC "-//W3C//DTD HTML 4.0 Transitional//EN">
<html>
<head>
<title>图像边框与 alt 属性实例</title>
</head>
<body>
图像边框设置为 1 像素<img src="logo.jpg" border="1"> <br>
图像 alt 属性设置交互文字<img src="logo.jpg" alt="Chrome Logo" > <br>
</body>
</html>
```

（2）代码说明

<img src="logo.jpg" border="1">，设置图像边框宽度为 1 像素。

<img src="logo.jpg" alt="Chrome Logo" >，设置图像的 alt 属性，当鼠标移向图像时，会显示 alt 属性值，当图像无法正常显示时，图像区域会显示 alt 属性的文字内容。

图像边框与 alt 属性显示效果如图 3.9 所示。

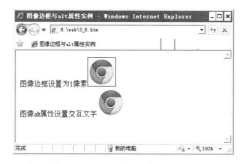

图 3.9　图像边框与 alt 属性显示效果

3.3.3　表格效果实例

1. HTML 代码

```
<! DOCTYPE HTML PUBLIC "-//W3C//DTD HTML 4.0 Transitional//EN">
<html>
<head>
<title>表格效果实例</title>
</head>
<body>
```

```
<h4>无边框的表格：</h4>
<table border="0">
  <tr>
    <td>第一行第一列单元格</td>
    <td>第一行第二列单元格</td>
  </tr>
  <tr>
    <td>第二行第一列单元格</td>
    <td>第二行第二列单元格</td>
  </tr>
</table>
<h4>边框宽度为 1 像素的表格：</h4>
<table border="1">
  <tr>
    <td>第一行第一列单元格</td>
    <td>第一行第二列单元格</td>
  </tr>
  <tr>
    <td>第二行第一列单元格</td>
    <td>第二行第二列单元格</td>
  </tr>
</table>
<h4>边框宽度为 2 像素的表格：</h4>
<table border="2">
  <tr>
    <td>第一行第一列单元格</td>
    <td>第一行第二列单元格</td>
  </tr>
  <tr>
    <td>第二行第一列单元格</td>
    <td>第二行第二列单元格</td>
  </tr>
</table>
<h4>高 150 像素，宽 300 像素的表格：</h4>
<table border="1" height="150" width="300">
  <tr height="40">
    <td width="200">单元格高 40，宽 200</td>
    <td></td>
```

```
    </tr>
    <tr>
      <td></td>
      <td></td>
    </tr>
  </table>
  <h4>原始表格</h4>
  <table border="1">
    <tr>
      <td>第一行第一列单元格</td>
      <td>第一行第二列单元格</td>
    </tr>
    <tr>
      <td>第二行第一列单元格</td>
      <td>第二行第二列单元格</td>
    </tr>
  </table>
  <h4>带有单元格边距：</h4>
  <table border="1" cellpadding="10">
    <tr>
      <td>第一行第一列单元格</td>
      <td>第一行第二列单元格</td>
    </tr>
    <tr>
      <td>第二行第一列单元格</td>
      <td>第二行第二列单元格</td>
    </tr>
  </table>
  <h4>带有单元格间距：</h4>
  <table border="1" cellspacing="10">
    <tr>
      <td>第一行第一列单元格</td>
      <td>第一行第二列单元格</td>
    </tr>
    <tr>
      <td>第二行第一列单元格</td>
      <td>第二行第二列单元格</td>
```

```
        </tr>
    </table>
    <h4>背景颜色：</h4>
    <table border="1" bgcolor="red">
        <tr bgcolor="blue">
            <td>第一行第一列单元格</td>
            <td>第一行第二列单元格</td>
        </tr>
        <tr>
            <td bgcolor="green">第二行第一列单元格</td>
            <td>第二行第二列单元格</td>
        </tr>
    </table>
    <h4>背景图像：</h4>
    <table border="1" background="logo.jpg">
        <tr>
            <td>第一行第一列单元格</td>
            <td>第一行第二列单元格</td>
        </tr>
        <tr>
            <td background="background.jpg">第二行第一列单元格</td>
            <td>第二行第二列单元格</td>
        </tr>
    </table>
    <h4>表格内容对齐方式：</h4>
    <table width="400" border="1">
        <tr>
            <td align="left">左对齐</td>
            <td align="center">居中</td>
            <td align="right">右对齐</td>
        </tr>
        <tr align="left">
            <td>行左对齐</td>
            <td>行左对齐</td>
            <td>行左对齐</td>
        </tr>
    </table>
    <h4>表格行单元格合并：</h4>
```

```
<table border="1">
  <tr>
    <td colspan="2">第一行第一二列单元格</td>
  </tr>
  <tr>
    <td>第二行第一列单元格</td>
    <td>第二行第二列单元格</td>
  </tr>
</table>
<h4>表格列单元格合并：</h4>
<table border="1">
  <tr>
    <td>第一行第一列单元格</td>
    <td rowspan="2">第一二行第二列单元格</td>
  </tr>
  <tr>
    <td>第二行第一列单元格</td>
  </tr>
</table>
</body>
</html>
```

2. 代码说明

第 1 个表格<table border="0"></table>，定义一个无边框的二行二列表格。

第 2 个表格<table border="1"></table>，定义一个边框宽度为 1 像素的二行二列表格。

第 3 个表格<table border="2"></table>，定义一个边框宽度为 2 像素的二行二列表格。

第 4 个表格<table border="1" height="150" width="300"></table>，定义一个高 150 像素，宽 300 像素，边框宽度为 1 像素的二行二列表格。其中，第一行高度为 40 像素，第一列宽度为 200 像素。

第 5 个表格<table border="1"></table>，定义一个边框宽度为 1 像素的二行二列表格。

第 6 个表格<table border="1" cellpadding="10"></table>，定义一个边框宽度为 1 像素，单元格边距为 10 像素的二行二列表格。

第 7 个表格<table border="1" cellspacing="10"></table>，定义一个边框宽度为 1 像素，单元格间距为 10 像素的二行二列表格。

第 8 个表格<table border = "1" bgcolor = "red" ></table>，定义一个边框宽度为 1 像素，表格背景颜色为红色的二行二列表格，其中表格第一行背景颜色为蓝色，第二行第一列单元格背景颜色为绿色。

第 9 个表格<table border = "1" background = "logo. jpg" ></table>，定义一个边框宽度为 1 像素，表格背景为该网页文件同一目录下 logo. jpg 图像的二行二列表格，其中表格第二行第一列背景图像为 background. jpg。

第 10 个表格<table width = "400" border = "1" ></table>，定义一个宽度为 400 像素，边框宽度为 1 像素的表格。第一行第一列单元格内容为左对齐，第一行第二列单元格内容为居中对齐，第一行第三列单元格内容为右对齐。第二行单元格内容为左对齐。

第 11 个表格<table border = "1" ></table>，定义边框宽度为 1 像素的二行二列单元格，其中第一行的第一列单元格和第二列单元格合并。

第 12 个表格<table border = "1" ></table>，定义边框宽度为 1 像素的二行二列单元格，其中第一行第二列单元格和第二行第二列单元格合并。

表格显示效果如图 3.10，图 3.11，图 3.12，图 3.13，图 3.14 所示。

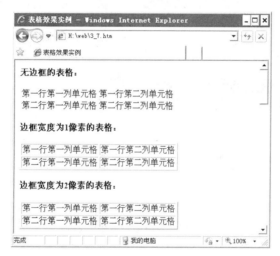

图 3.10　表格显示效果（一）

图 3.11　表格显示效果（二）

图 3.12　表格显示效果（三）

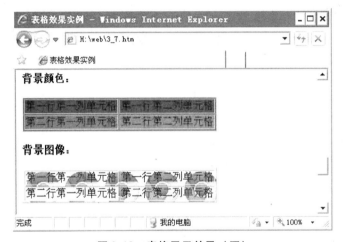

图 3.13　表格显示效果（四）

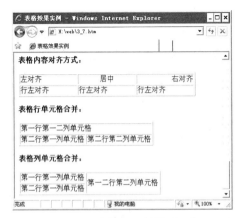

图 3.14　表格显示效果（五）

3.3.4　表格布局实例

1. 表格布局实例一

（1）HTML 代码

```
<! DOCTYPE HTML PUBLIC "-//W3C//DTD HTML 4.0 Transitional//EN">
<html>
<head>
<META content="text/html; charset=UTF-8" http-equiv=Content-Type>
<title>表格布局实例一</title>
</head>
<body>
<table width="995" border="1" align="center">
  <tr>
    <td height="40">语言版本与搜索区</td>
  </tr>
</table>
<table width="995" border="1" align="center">
  <tr>
    <td height="40">网站 Logo</td>
  </tr>
</table>
<table width="995" border="1" align="center">
  <tr>
    <td width="145" height="618" valign="top"><table width="100%" border
="1">
      <tr>
        <td height="250">栏目导航</td>
      </tr>
      <tr>
        <td height="228">网站导航</td>
      </tr>
      <tr>
        <td height="95">统计与调查</td>
      </tr>
    </table></td>
    <td valign="top"><table width="100%" border="1">
      <tr>
```

```
    <td width="34%" height="200">图文头条</td>
    <td width="66%">重要新闻</td>
  </tr>
</table>
  <table width="100%" height="384" border="1">
  <tr>
    <td width="50%" height="100">栏目一</td>
    <td>栏目二</td>
  </tr>
  <tr>
    <td height="100">栏目三</td>
    <td>栏目四</td>
  </tr>
  <tr>
    <td height="100">栏目五</td>
    <td>栏目六</td>
  </tr>
  <tr>
    <td height="100">栏目七</td>
    <td>栏目八</td>
  </tr>
</table></td>
<td width="145" valign="top"><table width="100%" border="1">
  <tr>
    <td height="120">专题一</td>
  </tr>
  <tr>
    <td height="120">专题二</td>
  </tr>
  <tr>
    <td height="120">专题三</td>
  </tr>
  <tr>
    <td height="120">专题四</td>
  </tr>
  <tr>
    <td height="120">专题五</td>
  </tr>
```

```
     </table></td>
   </tr>
</table>
<table width="995" border="1" align="center">
   <tr>
     <td height="40">版权区</td>
   </tr>
</table>
</body>
</html>
```

（2）代码说明

该网站首页面通过四个表格来布局内容，表格宽度均为 995 像素，居中对齐方式。内容分为四大部分，从上至下分别为语言与搜索区、网站 Logo 区、主体内容区、版权与说明区。

其中主体内容区表格为一行三列，左侧第一列宽度为 145 像素，主要是导航和调查统计。右侧第三列宽度为 145 像素，主要是各专题。剩下宽度为中间列，主要是重要图文区、各栏目区。重要图文区显示最新重要文章列表，各栏目区显示各栏目最新文章列表。

该网站表格布局显示效果如图 3.15 所示。

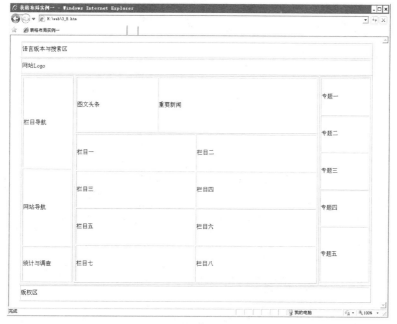

图 3.15　表格布局实例一显示效果

2. 表格布局实例二

（1）HTML 代码

```
<! DOCTYPE HTML PUBLIC "-//W3C//DTD HTML 4. 01 Transitional//EN"
"http：//www. w3c. org/TR/1999/REC-html401-19991224/loose. dtd">
<html>
<head>
<META content="text/html; charset=UTF-8" http-equiv=Content-Type>
<title>表格布局实例二</title>
</head>
<body>
<table width="990" border="1" align="center">
  <tr>
    <td height="40">Logo 与语言选择</td>
  </tr>
</table>
<table width="990" border="1" align="center">
  <tr>
    <td height="40">栏目导航区</td>
  </tr>
</table>
<table width="990" border="1" align="center">
  <tr>
    <td height="609" valign="top">
    <table width="100%" border="1">
      <tr>
        <td width="34%" height="200">图文头条</td>
        <td width="66%">重要新闻</td>
      </tr>
    </table>
    <table width="100%" height="124" border="1">
      <tr>
        <td height="20" colspan="2">栏目一</td>
      </tr>
      <tr>
        <td height="90">子栏目一</td>
        <td>子栏目二</td>
      </tr>
    </table>
```

```
<table width="100%" height="137" border="1">
  <tr>
    <td height="20" colspan="3">栏目二</td>
  </tr>
  <tr>
    <td width="31%" height="90">子栏目一</td>
    <td width="35%">子栏目二</td>
    <td width="34%">子栏目三</td>
  </tr>
</table>
<table width="100%" height="137" border="1">
  <tr>
    <td height="20" colspan="3">栏目三</td>
  </tr>
  <tr>
    <td width="31%" height="90">子栏目一</td>
    <td width="35%">子栏目二</td>
    <td width="34%">子栏目三</td>
  </tr>
</table></td>
<td width="200" valign="top"><table width="100%" border="1">
  <tr>
    <td height="89">专题一</td>
  </tr>
  <tr>
    <td height="173">专题二</td>
  </tr>
  <tr>
    <td height="120">专题三</td>
  </tr>
  <tr>
    <td height="120">专题四</td>
  </tr>
  <tr>
    <td height="89">专题五</td>
  </tr>
</table></td>
```

```
    </tr>
    <tr>
      <td height="30" colspan="2" valign="top">网站导航区</td>
    </tr>
  </table>
  <table width="990" border="1" align="center">
    <tr>
      <td height="40">版权区</td>
    </tr>
  </table>
</body>
</html>
```

（2）代码说明

该网站首页面通过四个表格来布局内容，表格宽度均为 990 像素，居中对齐方式。内容分为四大部分，从上至下分别为 Logo 与语言区、栏目导航区、主体内容区、版权与说明区。

其中主体内容区表格为二行一列。第一行嵌套一个一行两列表格，左边是栏目和文章标题区，右边是各专栏。第二行为网站导航区。

该网站表格布局显示效果如图 3.16 所示。

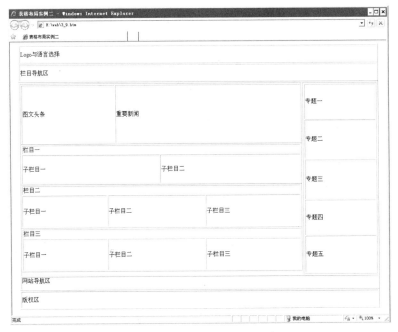

图 3.16　表格布局实例二显示效果

3. 表格布局实例三

（1）HTML 代码

```
<! DOCTYPE HTML PUBLIC "-//W3C//DTD HTML 4.01 Transitional//EN">
<html>
<head>
<META content="text/html; charset=UTF-8" http-equiv=Content-Type>
<title>表格布局实例三</title>
</head>
<body>
<table width="1002" border="1" align="center">
  <tr>
    <td width="195" height="49">Logo 与语言选择</td>
    <td width="779">栏目导航区</td>
  </tr>
</table>
    <table width="1002" border="1" align="center">
      <tr>
        <td width="60%" height="200">图文头条</td>
        <td width="40%">重要新闻</td>
      </tr>
    </table>
    <table width="1002" height="75" border="1" align="center">
      <tr>
        <td width="200" height="69">便民服务栏目一</td>
        <td width="200">便民服务栏目二</td>
        <td width="200">便民服务栏目三</td>
        <td width="200">便民服务栏目四</td>
        <td>便民服务栏目五</td>
      </tr>
    </table>
    <table width="1002" height="70" border="1" align="center">
      <tr>
        <td width="31%" height="64">专栏一</td>
        <td width="35%">专栏二</td>
        <td width="34%">专栏三</td>
      </tr>
    </table>
```

```
<table width="1002" height="186" border="1" align="center">
  <tr>
    <td height="100">栏目一</td>
    <td height="81">栏目二</td>
    <td height="81">栏目三</td>
  </tr>
  <tr>
    <td width="31%" height="100">栏目四</td>
    <td width="35%">栏目五</td>
    <td width="34%">栏目六</td>
  </tr>
</table>
<table width="1002" border="1" align="center">
  <tr>
    <td height="40">查询区</td>
  </tr>
</table>
<table width="1002" border="1" align="center">
  <tr>
    <td height="40">网站导航区</td>
  </tr>
</table>
<table width="1002" border="1" align="center">
  <tr>
    <td height="40">版权区</td>
  </tr>
</table>
</body>
</html>
```

（2）代码说明

该网站首页面通过八个表格来布局内容，表格宽度均为 1002 像素，居中对齐方式。内容分为八大部分，从上至下分别为 Logo 与栏目导航区、图文头条与重要新闻区、便民服务专栏区、专栏区、栏目区、查询区、网站导航区、版权区。

该网站表格布局显示效果如图 3.17 所示。

图 3.17　表格布局实例三显示效果

4. 表格布局实例四

（1）HTML 代码

```
<! DOCTYPE HTML PUBLIC "-//W3C//DTD HTML 4. 01 Transitional//EN"
"http：//www. w3c. org/TR/1999/REC-html401-19991224/loose. dtd">
<html>
<head>
<META content="text/html; charset=UTF-8" http-equiv=Content-Type>
<title>表格布局实例四</title>
</head>
<body>
<table width="995" border="1" align="center">
  <tr>
    <td width="251" height="50">Logo 与语言区</td>
    <td>政务导航区</td>
  </tr>
</table>
<table width="995" border="1" align="center">
  <tr>
    <td height="40">栏目导航区</td>
  </tr>
</table>
    <table width="995" border="1" align="center">
      <tr>
```

```
<td width="250" height="460" valign="top">
  <table width="100%" height="70" border="1">
    <tr>
      <td height="64">专栏一</td>
    </tr>
  </table>
  <table width="100%" height="74" border="1">
    <tr>
      <td height="68">专栏二</td>
    </tr>
  </table>
  <table width="100%" border="1">
    <tr>
      <td height="66">专栏三</td>
    </tr>
  </table>
  <table width="100%" border="1">
    <tr>
      <td height="69">专栏四</td>
    </tr>
  </table>
  <table width="100%" border="1">
    <tr>
      <td height="72">专栏五</td>
    </tr>
  </table>
  <table width="100%" border="1">
    <tr>
      <td height="80">专栏六</td>
    </tr>
  </table></td>
<td valign="top"><table width="100%" border="1">
  <tr>
    <td width="300" height="106">图文头条</td>
    <td>重要新闻</td>
  </tr>
</table>
  <table width="100%" height="70" border="1">
```

```
            <tr>
                <td height="64">栏目一</td>
            </tr>
        </table>
        <table width="100%" height="65" border="1">
            <tr>
                <td height="59">栏目二</td>
            </tr>
        </table>
        <table width="100%" height="70" border="1">
            <tr>
                <td>栏目三</td>
            </tr>
        </table>
        <table width="100%" height="71" border="1">
            <tr>
                <td height="65">栏目四</td>
            </tr>
        </table>
        <table width="100%" height="68" border="1">
            <tr>
                <td height="62">栏目五</td>
            </tr>
        </table></td>
        </tr>
    </table>
    <table width="995" border="1" align="center">
    <tr>
        <td height="40">网站导航区</td>
    </tr>
</table>
<table width="995" border="1" align="center">
    <tr>
        <td height="40">版权区</td>
    </tr>
</table>
</body>
</html>
```

（2）代码说明

该网站首页面通过五个表格来布局内容，表格宽度均为 995 像素，居中对齐方式。内容分为五大部分，从上至下分别为 Logo 与政务导航区、栏目导航区、主体内容区、网站导航区、版权区。

其中主体内容区分为左右两列，左列是各专栏，右列上面是图文头条和重要新闻，下面是各栏目。

该网站表格布局显示效果如图 3.18 所示。

图 3.18   表格布局实例四显示效果

5. 表格布局实例五

（1）HTML 代码

```
<! DOCTYPE HTML PUBLIC "-//W3C//DTD HTML 4.01 Transitional//EN"
"http：//www. w3c. org/TR/1999/REC-html401-19991224/loose. dtd">
<html>
<head>
<META content="text/html；charset=UTF-8" http-equiv=Content-Type>
<title>表格布局实例五</title>
</head>
<body>
<table width="1000" border="1" align="center">
  <tr>
    <td height="50">Logo 区</td>
  </tr>
</table>
<table width="1000" border="1" align="center">
```

```
        <tr>
            <td height="40">栏目导航区</td>
        </tr>
</table>
        <table width="1000" border="1" align="center">
            <tr>
            <td height="509" valign="top"><table width="100%" border="1">
                <tr>
                    <td width="300" height="144">图文头条</td>
                    <td>重要新闻</td>
                </tr>
            </table>
            <table width="100%" border="1">
                <tr>
                    <td width="250" height="348" valign="top">
                    <table width="100%" border="1">
                        <tr>
                            <td height="80">专题一</td>
                        </tr>
                    </table>
                    <table width="100%"    border="1">
                        <tr>
                            <td height="80">专题二</td>
                        </tr>
                    </table>
                    <table width="100%"    border="1">
                        <tr>
                            <td height="80">专题三</td>
                        </tr>
                    </table>
                    <table width="100%"    border="1">
                        <tr>
                            <td height="80">专题四</td>
                        </tr>
                    </table>
                    </td>
                        <td valign="top">
                        <table width="100%" border="1">
```

```
    <tr>
        <td height="60">栏目一</td>
    </tr>
</table>
<table width="100%"  border="1">
    <tr>
        <td height="60">栏目二</td>
    </tr>
</table>
<table width="100%"  border="1">
    <tr>
        <td height="60">栏目三</td>
    </tr>
</table>
<table width="100%"  border="1">
    <tr>
        <td height="60">栏目四</td>
    </tr>
</table>
<table width="100%"  border="1">
    <tr>
        <td height="73">栏目五</td>
    </tr>
</table></td>
    </tr>
</table></td>
<td width="250"  valign="top">
    <table width="100%" border="1">
        <tr>
            <td height="80">专栏一</td>
        </tr>
    </table>
    <table width="100%"  border="1">
        <tr>
            <td height="80">专栏二</td>
        </tr>
    </table>
    <table width="100%"  border="1">
```

```
    <tr>
        <td height="80">专栏三</td>
    </tr>
</table>
<table width="100%"   border="1">
    <tr>
        <td height="80">专栏四</td>
    </tr>
</table>
<table width="100%"   border="1">
    <tr>
        <td height="80">专栏五</td>
    </tr>
</table>
<table width="100%"   border="1">
    <tr>
        <td height="69">专栏六</td>
    </tr>
</table></td>

    </tr>
</table>
<table width="1000" border="1" align="center">
  <tr>
    <td height="30">网站导航区</td>
  </tr>
</table>
<table width="1000" border="1" align="center">
  <tr>
    <td height="30">版权区</td>
  </tr>
</table>
</body>
</html>
```

（2）代码说明

该网站首页面通过五个表格来布局内容，表格宽度均为 1000 像素，居中对齐方式。内容分为五大部分，从上至下分别为 Logo 区、栏目导航区、主体内容区、网站导航区、版权区。

其中主体内容区分为左右两列，左列上面是图文头条和重要新闻，下面是各专题和各栏目；右列是各专栏。

该网站表格布局显示效果如图 3.19 所示。

图 3.19 表格布局实例五显示效果

3.4 实践练习

3.4.1 实例练习

将本章实例部分所有实例代码练习一遍，并对代码进行修改，对比显示效果。

3.4.2 综合练习

制作一份网页格式的个人简历，包括个人基本信息、自我评价、教育经历、语言与计算机能力、兴趣爱好等，用表格布局内容，须用到本章所学全部 HTML 元素，注意灵活应用。

1. 个人简历参考模板一

个人简历

基本信息

姓名		毕业学校		照片
性别		学历		
生日		专业		
民族		政治面貌		
籍贯		身高体重		
地址				
邮编		电子邮箱		
手机		QQ		
电话		微博		

求职意向

期望行业	应聘职位	税前月薪	工作地点	

语言水平

语言	等级	描述

教育经历

日期	学校

工作经历

时间	公司	职位

获得奖励

时间	证书

爱好特长

时间	证书

2. 个人简历参考模板二

个人简历

基本资料：					
姓 名		性 别			
出生年月		籍 贯			
政治面貌		健康状况		照片	
毕业院校		主修专业			
培养方式		学 历			
联系地址：					
联系电话					
电子邮箱		个人主页			
教育培训：					
技能：					
英语					
计算机					
其他					
社会实践：					
个人特点：					
特长爱好：					
特长					
爱好					
知识结构：					
主修课程					
选修课程					
自修阅读					

第三篇　标准篇

第 4 章　XHTML

4.1　学习目的与基本要求

1. 掌握 XHTML 常用元素。
2. 掌握网页内容结构化方法。

4.2　理论知识

4.2.1　XHTML 介绍

从 Web 诞生早期至今，HTML 已经发展出多个版本，如表 4.1 所示。

表 4.1　　　　　　　　　　　　　　　HTML 版本

版本	年份
HTML	1991
HTML+	1993
HTML 2.0	1995
HTML 3.2	1997
HTML 4.01	1999
XHTML 1.0	2000
HTML 5	2012
XHTML 5	2013

HTML 语法要求比较松散，虽然对网页编写者比较方便，但对于机器，语言的语法越松散，处理起来就越困难。传统计算机还有能力兼容松散语法，但手机等移动设备计算能力较弱，处理松散语法难度较大。因此产生由 DTD 定义规则，语法要求更加严格的 XHTML。

XHTML 是 Extensible HyperText Markup Language 的缩写，是一种增强的、更严谨的、更纯净的 HTML 版本。2000 年年底，国际 W3C 组织（万维网联盟）公布发行 XHTML 1.0 版本。XHTML 1.0 是一种在 HTML 4.0 基础上优化和改进的新语言，目的是基于 XML 应用。XML 虽然数据转换能力强大，完全可以替代 HTML，但面对成千上万已有的基于 HTML 语言设计的网站，直接采用 XML 还为时过早。因此，在 HTML4.0 的基础上，用 XML 的规则对其进行扩展，得到 XHTML。所以，建立 XHTML 的目的就是实现 HTML 向 XML 的过渡。

使用 XHTML 具有以下优点：

（1）XHTML 提倡使用更加简洁和规范的代码，使得代码的阅读和处理更方便，同时也便于搜索引擎检索。

（2）XHTML 文档在旧的基于 HTML 的浏览器中能够表现得和在新的基于 XHTML 的浏览器中一样出色。

（3）XHTML 是可扩展的语言，能够包含其他文档类型，既能够利用 HTML 的文档对象模型（DOM），又能利用 XML 的文档对象模块。所以 XHTML 可以支持更多的显示设备。

（4）在 XHTML 中，推荐使用 CSS 样式定义页面的外观。XHTML 分离页面的结构和表现，方便利用数据和更换外观。

（5）XML 是 Web 发展的趋势，具有更好的向后兼容性。使用 XHTML 1.0，只要遵守一些简单规则，就可以设计出既适合 XML 系统，又适合当前大部分 HTML 浏览器的页面。

4.2.2　XHTML 与 HTML 比较

XHTML 与 HTML 4.01 标准没有太多的不同。最主要的不同有：

1. 所有 XHTML 文档必须进行文件类型声明

所有 XHTML 文档必须进行文件类型声明（DOCTYPE declaration）。在 XHTML 文档中必须有<html>、<head>、<body>元素，而<title>元素必须位于<head>元素中。文件类型声明并非 XHTML 文档自身的组成部分，也不是 XHTML 元素，没有关闭标签。

目前使用最为广泛的文件类型声明是 XHTML 1.0 Transitional DOCTYPE：

```
<! DOCTYPE html PUBLIC "-//W3C//DTD XHTML 1.0 Transitional//EN"
"http://www.w3.org/TR/xhtml1/DTD/xhtml1-transitional.dtd">
```

2. 必须拥有一个根元素

```
<html>
<head> ... </head>
<body> ... </body>
</html>
```

3. 所有元素都必须要有一个相应的结束标签

在 HTML 中，可以打开许多元素，而不用关闭。例如使用<li>元素，可不用写对应的</li>标签来关闭，段落<p>元素也可不用关闭。但在 XHTML 中这是不符合标准的，

XHTML 要求有严谨的结构，所有元素必须关闭。即使是单独不成对的元素，例如 <img>、
、<hr>等，也需要在元素最后加一个"/"来关闭。例如：

```
<img height = "80" alt = "Google" src = "logo. jpg" width = "200"><br>
<hr>
<p>这是一个段落
<p>这是另外一个段落
```

需修改为：

```
<img height = "80" alt = "Google" src = "logo. jpg" width = "200" /><br />
<hr />
<p>这是一个段落</p>
<p>这是另外一个段落</p>
```

4. 所有元素和属性名都必须使用小写

与 HTML 不一样，XHTML 对大小写敏感，< title > 和 < TITLE > 是不同的元素。XHTML 要求所有的元素和属性名都必须使用小写，也不允许大小写夹杂。例如：<BODY>必须写成<body>,"onMouseOver" 必须修改成 "onmouseover"。

5. 所有元素都必须正确嵌套

因为 XHTML 要求有严谨的结构，因此所有的嵌套都必须按顺序，例如代码：

```
<b><i>这部分文字是粗体和斜体</b></i>
<p><b>这个段落文字是粗体</p></b>
```

必须修改为：

```
<b><i>这部分文字是粗体和斜体</i></b>
<p><b>这个段落文字是粗体</b></p>
```

就是说，元素必须严格对称地一层一层嵌套。

6. 所有属性必须用引号""括起来

在 HTML 中，可以不给属性值加引号，但在 XHTML 中，必须加引号。例如：

```
<height = 80>
```

必须修改为：

```
<height = "80">
```

特殊情况，在属性值里使用双引号，使用者可以用""，单引号可以使用
"'"，例如：

<alt="say' hello'">

7. 把所有<和 & 等特殊符号用编码表示

（1）任何小于号<，若不是元素的一部分，都必须被编码为 &lt。

（2）任何大于号>，若不是元素的一部分，都必须被编码为 &gt。

（3）任何与号 &，若不是实体的一部分的，都必须被编码为 &amp。

注意：以上编码字符之间无空格。

8. 给所有属性赋一个值

XHTML 规定所有属性都必须有一个值，没有值的就重复本身。例如：

<input type="checkbox" name="shirt" value="medium" checked>

必须修改为：

<input type="checkbox" name="shirt" value="medium" checked="checked">

9. 属性不能简写

下面是一个 HTML 的简写属性列表，在 XHTML 中必须书写完整内容，如表 4.2
所示。

表 4.2   HTML 简写属性对应的 XHTML 书写方式

HTML	XHTML
compact	compact="compact"
checked	checked="checked"
declare	declare="declare"
readonly	readonly="readonly"
disabled	disabled="disabled"
selected	selected="selected"
defer	defer="defer"
ismap	ismap="ismap"
nohref	nohref="nohref"
noshade	noshade="noshade"
nowrap	nowrap="nowrap"
multiple	multiple="multiple"
noresize	noresize="noresize"

10. 用 id 属性代替 name 属性

HTML 4.01 针对部分元素定义 name 属性，例如 a，applet，frame，iframe，img 和 map 等。在 XHTML 中不鼓励使用 name 属性，应该使用 id 代替。如：

```
<img src="picture. gif" name="picture1" />
```

需修改为：

```
<img src="picture. gif" id="picture1" />
```

11. 不要在注释内容中使--

--只能使用在 XHTML 注释的开头和结束，也就是说，在内容中不再有效，可用等号或者空格替换内部的虚线。例如下面的代码：

```
<! --这里是注释-----------这里是注释-->
```

需修改为：

```
<! --这里是注释===========这里是注释-->
```

12. 图像必须有说明文字

每个图像元素都必须有 alt 说明文字。如：

```
<img src="ball. jpg" alt="large red ball" />
```

4.2.3　第一个 XHTML 文档

首先看一个最简单的 XHTML 页面结构，代码如下：

```
<! DOCTYPE html PUBLIC "-//W3C//DTD XHTML 1.0 Transitional//EN"
"http：//www. w3. org/TR/xhtml1/DTD/xhtml1-transitional. dtd">
<html xmlns="http：//www. w3. org/1999/xhtml">
<head>
<meta http-equiv="Content-Type" content="text/html；charset=gb2312" />
<title>最简单的 XHTML 文档</title>
</head>
<body>
第一个 XHTML 文档
</body>
</html>
```

这段代码，包含一个 XHTML 页面必须具有的基本内容结构。

1. 文档类型声明部分

文档类型声明部分由<! DOCTYPE>元素定义，在代码的前两行，这部分内容在浏览器中不会显示。针对不同的 HTML 版本，有不同的 DOCTYPE 声明，目前应用最广泛的是 XHTML 1.0 Transitional，即：

```
<! DOCTYPE html PUBLIC "-//W3C//DTD XHTML 1.0 Transitional//EN"
"http：//www.w3.org/TR/xhtml1/DTD/xhtml1-transitional.dtd">
```

<! DOCTYPE>声明必须是 HTML 文档的第一行，位于<html>元素之前。

<! DOCTYPE>声明不是 HTML 元素，是指示 Web 浏览器页面使用的 HTML 版本，浏览器就会按照相应版本进行解释并显示网页。

2. <html>元素和名字空间

<html>元素是 XHTML 文档中必须使用的元素，所有的文档内容（包括文档头部内容和文档主体内容）都要包含在<html>元素之中。标签<html>表示 HTML 代码的开始，文档的结束标签是</html>。

名字空间是<html>元素的一个属性，在<html>元素起始标签里，代码如下：

```
<html xmlns="http：//www.w3.org/1999/xhtml">
```

3. 网页头部元素

网页头部元素<head>也是 XHTML 文档中必须使用的元素。其作用是定义页面头部的信息，其中可以包含<title>标题元素、<meta>元素等，不会显示在浏览器内，代码如下：

```
<head>
<meta http-equiv="Content-Type" content="text/html; charset=gb2312"/>
<title>First XHTML</title>
</head>
```

<meta>元素的属性有两种：name 和 http-equiv。name 属性主要用于描述网页，对应于 content（网页内容），以便搜索引擎机器人查找、分类，最重要的是 description（站点在搜索引擎上的描述）和 keywords（分类关键词）。

（1）name 属性

①<meta name="keywords" content="">，网页关键词。

②<meta name="description" content="">，网页的主要内容。

③<meta name="author" content="">，网页作者。

④<meta name="Robots" content="all | none | index | noindex | follow | nofollow">，

针对搜索引擎的网页文件检索方式：

all：文件将被检索，且页面上的链接可以被查询。

none：文件将不被检索，且页面上的链接不可以被查询。

index：文件将被检索。

noindex：文件将不被检索，但页面上的链接可以被查询。

follow：页面上的链接可以被查询。

nofollow：文件将不被检索，页面上的链接可以被查询。

（2）http-equiv 属性

①<meta http-equiv = " Content-Type" content = " text/html"；charset = gb_ 2312-80" >，网页编码方式。

②<meta http-equiv = " Content-Language" content = " zh-CN" >，网页使用语言。

4. 页面标题元素

页面标题元素<title>用来定义页面的标题。在<title>和</title>标签之间的文字内容是 HTML 文档的标题信息，出现在浏览器的标题栏。其对应的页面代码如下：

> <title>First XHTML</title>

5. 页面主体元素

页面主体元素<body>用来定义页面所要显示的内容，页面的信息主要通过页面主体内容来传递。<body>元素可以包含所有页面元素，在<body>和</body>标签之间的文字内容是 HTML 文档主要显示的信息，出现在浏览器中。其对应的页面代码如下：

> <body>
> <p>Welcome to XHTML World！</p>
> </body>

定义以上几个元素后，便构成一个完整的 XHTML 页面。此时在浏览器中呈现的效果如图 4.1 所示。

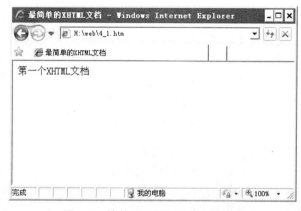

图 4.1　简单 XHTML 页面显示效果

4.2.4 HTML 文档类型声明

1. HTML 4.01 Strict DOCTYPE

该 DTD 包含所有 HTML 元素和属性，但不包括展示性的和弃用的元素（例如<font>），不允许框架集（Framesets）。如：

```
<! DOCTYPE HTML PUBLIC "-//W3C//DTD HTML 4.01//EN"
"http: //www. w3. org/TR/html4/strict. dtd">
```

2. HTML 4.01 Transitional DOCTYPE

该 DTD 包含所有 HTML 元素和属性，包括展示性的和弃用的元素（例如<font>），不允许框架集（Framesets）。如：

```
<! DOCTYPE HTML PUBLIC "-//W3C//DTD HTML 4.01 Transitional//EN"
"http: //www. w3. org/TR/html4/loose. dtd">
```

3. HTML 4.01 Frameset DOCTYPE

该 DTD 等同于 HTML 4.01 Transitional，但允许框架集内容。如：

```
<! DOCTYPE HTML PUBLIC "-//W3C//DTD HTML 4.01 Frameset//EN"
"http: //www. w3. org/TR/html4/frameset. dtd">
```

4. XHTML 1.0 Strict DOCTYPE

该 DTD 包含所有 HTML 元素和属性，但不包括展示性的和弃用的元素（例如<font>），不允许框架集（Framesets），必须以格式正确的 XML 来编写标记。

XHTML 1.0 Strict 是要求最苛刻的 XHTML 规范，但是提供最干净的结构化标记。Strict 编码独立于任何定义外观的标记语言，使用层叠样式表（CSS）来控制表示外观。这种与表示相独立的结构使得 XHTML Strict 能比较灵活地在不同设备上显示。如：

```
<! DOCTYPE html PUBLIC "-//W3C//DTD XHTML 1.0 Strict//EN"
"http: //www. w3. org/TR/xhtml1/DTD/xhtml1-strict. dtd">
```

5. XHTML 1.0 Transitional DOCTYPE

该 DTD 包含所有 HTML 元素和属性，包括展示性的和弃用的元素（例如<font>），不允许框架集（Framesets），必须以格式正确的 XML 来编写标记。

XHTML 1.0 Transitional 是更加宽容的规范。Strict 将结构与表示完全分离，而 Transitional 允许部分使用标签来控制外观，目的是在允许用标记来控制表示的 HTML 页面和二者完全分离的 XHTML Strict 之间架起桥梁。Transitional 页面最大的好处是克服 Strict 对于 CSS 的依赖，对于使用旧式浏览器或不能识别样式表的用户来说也可访问。如：

```
<! DOCTYPE html PUBLIC "-//W3C//DTD XHTML 1.0 Transitional//EN" "
http：//www. w3. org/TR/xhtml1/DTD/xhtml1-transitional. dtd">
```

6. XHTML 1. 0 Frameset DOCTYPE

该 DTD 等同于 XHTML 1. 0 Transitional，但允许框架集内容。如：

```
<! DOCTYPE html PUBLIC "-//W3C//DTD XHTML 1.0 Frameset//EN"
"http：//www. w3. org/TR/xhtml1/DTD/xhtml1-frameset. dtd">
```

7. XHTML 1. 1 DOCTYPE

该 DTD 等同于 XHTML 1. 0 Strict，但允许添加模型。如：

```
<! DOCTYPE html PUBLIC "-//W3C//DTD XHTML 1.1//EN"
"http：//www. w3. org/TR/xhtml11/DTD/xhtml11. dtd">
```

8. HTML 5 DOCTYPE 声明

HTML 5 是用于取代 1999 年所制订的 HTML 4. 01 和 XHTML 1. 0 标准的下一代 HTML 标准版本，希望能够减少浏览器对需要插件的丰富性网络应用服务需求，并且提供更多增强网络应用的标准集。HTML 5 有两大特点：一是强化 Web 网页的表现性能；二是追加本地数据库等 Web 应用的功能。广义上的 HTML 5 实际指的是包括 HTML、CSS 和 JavaScript 在内的一套技术组合。HTML 5 现在仍处于发展阶段，但大部分浏览器已经支持某些 HTML 5 技术了。如：

```
<! DOCTYPE html>
```

4. 2. 5　XHTML 结构化网页内容

在 Web 标准中，XHTML 元素与表现无关，只与文档结构有关，显示效果需要通过 CSS 实现。

结构良好的文档可以向浏览器传达尽可能多的语义，不论是浏览器位于手机等移动终端，还是普通计算机，或者是不支持 CSS 的老版本浏览器和关闭 CSS 功能的新版浏览器。

Web 标准抛弃 HTML 表格布局，将 HTML 中的表格回归到数据表格的原本用途上，通过 CSS 布局网页内容。

1. XHTML 文档基本结构

XHTML 文档包括<head>和<body>两大部分。如：

```
<! DOCTYPE html PUBLIC "-//W3C//DTD XHTML 1. 0 Transitional//EN"
"http：//www. w3. org/TR/xhtml1/DTD/xhtml1-transitional. dtd">
<html xmlns="http：//www. w3. org/1999/xhtml">
<head>
<meta http-equiv="Content-Type" content="text/html; charset=utf-8" />
<title>First XHTML</title>
</head>
<body>
</body>
</html>
```

2. 网页内容结构化

相对于表格布局网页内容，用不同的表格以及表格嵌套关系将网页内容划分为不同的内容区域，在 Web 标准中，更加强调网页内容的结构化，通过<div>元素结合 CSS 样式实现网页内容的布局。

<div>元素可以理解为一个块状内容容器，在<div>块内可放置列表<ul>、标题<h1>、段落<p>、图像<img>、甚至表格<table>，先定义内容在块内的排版布局效果，然后定义<div>块的高度、宽度，摆放位置，多个<div>块就可拼出完整的网页。

一个典型的网页会定义一个最外层的<div id="container">，作为所有网页内容的容器；里面嵌套<div id="header">、<div id="pagebody">、<div id="footer">三个<div>，分别是顶部内容、中间主体内容和底部内容的容器；中间主体内容较多，还可以进一步嵌套导航区<div id="sidebar">和正文区<div id="mainbody">等内容块。各部分内容根据需要还可以进一步由多个更小的<div>组成。

（1）HTML 代码

```
<! DOCTYPE html PUBLIC "-//W3C//DTD XHTML 1. 0 Transitional//EN"
"http：//www. w3. org/TR/xhtml1/DTD/xhtml1-transitional. dtd">
<html xmlns="http：//www. w3. org/1999/xhtml">
<head>
<meta http-equiv="Content-Type" content="text/html; charset=gb2312" />
<title></title>
<style type="text/css">
div {
    border-color：#000000;
    border-style：solid;
    border-width：1px;
}
</style>
```

```
</head>
<body>
<div id="container">
  <div id="header">头部区域
  </div>
  <div id="pagebody">
    <div id="sidebar">左侧导航区
    </div>
    <div id="mainbody">右侧正文区
    </div>
  </div>
  <div id="footer">底部区域
  </div>
</div>
</body>
</html>
```

（2）代码说明

在 Web 标准网页设计中，XHTML 用于描述网页结构和内容，显示效果通过 CSS 定义。在本 XHTML 文件中，最外围<div id="container">作为所有网页内容的容器，里面有<div id="header">、<div id="pagebody">、<div id="footer">三部分并列内容。其中，<div id="pagebody">内又嵌套有<div id="sidebar">和<div id="mainbody">两部分内容。

显示效果如图 4.2 所示。

图 4.2　最简单的 XHTML 内容结构

注意：本 XHTML 页面仅描述网页结构，显示效果需通过 CSS 样式定义。下面的代码就是 CSS 样式，<div>元素默认不显示边框，高度根据内容调整，宽度为 100%，通过 CSS 样式可显示边框，便于了解内容结构。如：

```
<style type="text/css">
div {
border-color: #000000;
border-style: solid;
border-width: 1px;
}
</style>
```

通过更多的 CSS 样式，我们还可以定义各<div>元素的高度、宽度、显示位置、边框和背景效果以及<div>容器内各元素的显示效果。

3. 网页内容语义化

在一个网页中，最常见的就是链接导航和正文。链接导航包括文字导航和图像导航，一般采用列表方式。正文主要包括标题文字、段落文字、图像等多媒体以及给文字或图像增加链接。

（1）导航

导航内容一般包括标题<h1>和无序列表<ul>两类元素。

①HTML 代码

```
<! DOCTYPE html PUBLIC "-//W3C//DTD XHTML 1.0 Transitional//EN"
"http://www.w3.org/TR/xhtml1/DTD/xhtml1-transitional.dtd">
<html xmlns="http://www.w3.org/1999/xhtml">
<head>
<meta http-equiv="Content-Type" content="text/html; charset=gb2312" />
<title></title>
</head>
<body>
<h1>HTML 教程</h1>
<ul>
  <li><a href="/html/index.htm" title="HTML 教程">HTML</a></li>
  <li><a href="/xhtml/index.htm" title="XHTML 教程">XHTML</a></li>
  <li><a href="/css/index.htm" title="CSS 教程">CSS</a></li>
  <li><a href="/tcpip/index.htm" title="TCP/IP 教程">TCP/IP</a></li>
</ul>
<h1>XML 教程</h1>
<ul>
  <li><a href="/xml/index.htm" title="XML 教程">XML</a></li>
  <li><a href="/xsl/xsl_ languages.htm" title="XSL 语言">XSL</a></li>
</ul>
</body>
</html>
```

②代码说明

本部分代码包括两个列表和相应的标题，列表一般用于描述并列的内容，如栏目导航、水平或垂直导航菜单、网址导航、文章列表、图片列表等。同样，本部分代码仅仅定义导航结构和内容，未定义任何 CSS 样式，显示默认效果，如图 4.3 所示。

图 4.3　列表显示效果

（2）正文

正文内容一般包括标题<h1>和段落<p>两类元素。

①HTML 代码

```
<! DOCTYPE html PUBLIC "-//W3C//DTD XHTML 1. 0 Transitional//EN"
"http：//www. w3. org/TR/xhtml1/DTD/xhtml1-transitional. dtd">
<html xmlns="http：//www. w3. org/1999/xhtml">
<head>
<meta http-equiv="Content-Type" content="text/html; charset=gb2312" />
<title></title>
</head>
<body>
<div class="blogentry">
  <h1>Today's blog post</h1>
  <p>Blog content goes here. </p>
  <p>Here is another paragraph of blog content. </p>
  <p>Just as there can be many paragraphs on a page，so too there may be many en-
tries in a
  blog. A blog page could use multiple instances of the class "blogentry"（or any other
class）. </p>
  </div>
  <div class="blogentry">
    <h1>Yesterday's blog post</h1>
```

<p>In fact, here we are inside another div of class "blogentry. "</p>

<p>They reproduce like rabbits. </p>

<p>If there are ten blog posts on this page, there might be ten divs of class "blogentry"

as well. </p>

</div>

</body>

</html>

②代码说明

本部分代码定义多个标题，标题下面有多个段落。所有段落统一采用<h1>元素定义，可知各标题是同一层次，一般为该文章的一级标题。在一级标题下，有多个段落，通过<p>元素定义。

显示效果如图 4.4 所示。

图 4.4　标题和段落显示效果

4.2.6　XHTML 元素

表 4.3 列出所有的 HTML 与 XHTML 元素，并说明每个元素可以出现在哪种文档类型声明（DTD）中。

表 4.3　　　　　　　　　　HTML 与 XHTML 元素与文档类型声明

元素	HTML 4.01/XHTML 1.0			XHTML 1.1
	Transitional	Strict	Frameset	
<a>	是	是	是	是
<abbr>	是	是	是	是

表4.3(续)

元素	HTML 4.01/XHTML 1.0			XHTML 1.1
	Transitional	Strict	Frameset	
\<acronym\>	是	是	是	是
\<address\>	是	是	是	是
\<applet\>	是	否	是	否
\<area /\>	是	是	是	否
\<b\>	是	是	是	是
\<base /\>	是	是	是	是
\<basefont /\>	是	否	是	否
\<bdo\>	是	是	是	否
\<big\>	是	是	是	是
\<blockquote\>	是	是	是	是
\<body\>	是	是	是	是
\<br /\>	是	是	是	是
\<button\>	是	是	是	是
\<caption\>	是	是	是	是
\<center\>	是	否	是	否
\<cite\>	是	是	是	是
\<code\>	是	是	是	是
\<col /\>	是	是	是	否
\<colgroup\>	是	是	是	否
\<dd\>	是	是	是	是
\<del\>	是	是	是	否
\<dfn\>	是	是	是	是
\<dir\>	是	否	是	否
\<div\>	是	是	是	是
\<dl\>	是	是	是	是
\<dt\>	是	是	是	是
\<em\>	是	是	是	是
\<fieldset\>	是	是	是	是
\<font\>	是	否	是	否
\<form\>	是	是	是	是

表4.3(续)

元素	HTML 4.01/XHTML 1.0			XHTML 1.1
	Transitional	Strict	Frameset	
\<frame /\>	否	否	是	否
\<frameset\>	否	否	是	否
\<h1\>~\<h6\>	是	是	是	是
\<head\>	是	是	是	是
\<hr /\>	是	是	是	是
\<html\>	是	是	是	是
\<i\>	是	是	是	是
\<iframe\>	是	否	是	否
\<img /\>	是	是	是	是
\<input /\>	是	是	是	是
\<ins\>	是	是	是	否
\<isindex\>	是	否	是	否
\<kbd\>	是	是	是	是
\<label\>	是	是	是	是
\<legend\>	是	是	是	是
\<li\>	是	是	是	是
\<link /\>	是	是	是	是
\<map\>	是	是	是	否
\<menu\>	是	否	是	否
\<meta /\>	是	是	是	是
\<noframes\>	是	否	是	否
\<noscript\>	是	是	是	是
\<object\>	是	是	是	是
\<ol\>	是	是	是	是
\<optgroup\>	是	是	是	是
\<option\>	是	是	是	是
\<p\>	是	是	是	是
\<param /\>	是	是	是	是
\<pre\>	是	是	是	是
\<q\>	是	是	是	是

表4.3(续)

元素	HTML 4.01/XHTML 1.0			XHTML 1.1
	Transitional	Strict	Frameset	
<s>	是	否	是	否
<samp>	是	是	是	是
<script>	是	是	是	是
<select>	是	是	是	是
<small>	是	是	是	是
<span>	是	是	是	是
<strike>	是	否	是	否
<strong>	是	是	是	是
<style>	是	是	是	是
<sub>	是	是	是	是
<sup>	是	是	是	是
<table>	是	是	是	是
<tbody>	是	是	是	否
<td>	是	是	是	是
<textarea>	是	是	是	是
<tfoot>	是	是	是	否
<th>	是	是	是	是
<thead>	是	是	是	否
<title>	是	是	是	是
<tr>	是	是	是	是
<tt>	是	是	是	是
<u>	是	否	是	否
<ul>	是	是	是	是
<var>	是	是	是	是

4.3 实例内容

4.3.1 网页结构分析实例一

谷歌网站首页面（http：//www.google.com）显示效果如图 4.5 所示。

图 4.5　谷歌网站首页面

1. 网页结构分析

网页整体放在<div id="viewport">，上面为导航部分<div id="mngb">，下面为主体内容部分<div id="main">。

在<div id="mngb">部分，并排两个导航，左边是<div id="gbz">，右边是<div id="gbg">。左边<div id="gbz">内有列表<ol id="gbzc">，列表<ol id="gbzc">嵌套有列表<ol id="gbmm">。右边<div id="gbg">包括标题<h2>Account Options</h2>和列表<ol id="gbtc">，列表<ol id="gbtc">嵌套有列表<ol id=gbom>。

在<div id="main">部分，包括上面的<span id="body">和下面的<div id="footer">两部分。上面<span id="body">包括 Logo 图<div id="hplogo">、搜索框<div id="searchform">、设置选项<div id="prm-pt">。下面<div id="footer">有并排的两段文字<span id="fsr">和<span id="fsl">。

2. 网页代码重构

```
<! DOCTYPE html PUBLIC "-//W3C//DTD XHTML 1.0 Transitional//EN"
"http：//www.w3.org/TR/xhtml1/DTD/xhtml1-transitional.dtd">
<html xmlns="http：//www.w3.org/1999/xhtml">
<head>
<title>Google</title>
</head>
<body>
```

```
<div id="viewport">
  <div id="mngb">
    <div id="gbz">
      <ol id="gbzc">
        <li class=gbt>+你</li>
        <li class=gbt>搜索</li>
        <li class=gbt>图片</li>
        <li class=gbt>地图</li>
        <li class=gbt>Play</li>
        <li class=gbt>YouTube</li>
        <li class=gbt>新闻</li>
        <li class=gbt>Gmail</li>
        <li class=gbt>更多
          <div id="gbmmb">
            <ol id="gbmm">
              <li class=gbmtc>云端硬盘</li>
              <li class=gbmtc>日历</li>
              <li class=gbmtc>翻译</li>
              <li class=gbmtc>Blogger</li>
              <li class=gbmtc>财经</li>
              <li class=gbmtc>相册</li>
              <li class=gbmtc>视频</li>
              <li class=gbmtc>更多</li>
            </ol>
          </div>
        </li>
      </ol>
      <div id="gbg">
        <h2>Account Options</h2>
        <ol class=gbtc>
          <li class=gbt>登录</li>
          <li class="gbt gbtb"></li>
            <ol id=gbom>
              <li class="gbkc gbmtc">搜索设置</li>
              <li class="gbe gbmtc">高级搜索</li>
              <li class="gbe gbmtc">语言工具</li>
              <li class="gbkp gbmtc">网络历史记录</li>
            </ol>
```

```
        </li>
      </ol>
    </div>
  <div id="main">
    <span id="body">
      <div id="hplogo">
      <img src="google.png">谷歌
      </div>
      <div id="searchform">
        <form id="tsf">
          <div id="tophf">
            <input type=hidden name=newwindow value="1">
            <input type=hidden name=safe value="strict">
            <input type=hidden name=site value="">
            <input name="source" type="hidden" value="hp">
          </div>
          <div class="lst-d lst-tbb">
            <input id="lst-ib" size="41" title="Google 搜索" type="text"
value="">
          </div>
          <div id="pocs">
            <input value="Google 搜索" jsaction="sf.chk" name="btnK" type
="submit">
            <input value="  手气不错  " type="submit">
          </div>
        </form>
      </div>
      <div id="prm-pt">
        <div id="prm">
        新买了手机或平板电脑? 新买了手机或平板电脑?
        </div>
        <div id="als">
        Google.com.hk 使用下列语言: 中文 (繁體) English
        </div>
      </div>
    </span>
    <div id="footer">
      <span id="fsr">
```

```
广告 商务 Google 大全
</span>
<span id="fsl">
新的隐私权政策和条款 设置　Google.com 广告 商务 Google 大全
</span>
        </div>
    </div>
</div>
</body>
</html>
```

该网页内容结构如图4.6所示。

图 4.6　谷歌网站首页面结构

4.3.2　网页结构分析实例二

百度网站首页面（http：//www.baidu.com）显示效果如图4.7所示。

1. 网页结构分析

网页整体放在<div id="wrapper">，上面为主体内容部分<div id="content">，下面为页脚内容部分<div id="ftCon">。

在<div id="content">部分，包括右上角的<div id="u">搜索设置 | 登录注册</div>和中间的<div id="m">。在<div id="m">共有 4 个段落和 1 个表单<form name="f" action="/s">，中间表单就是搜索框。

在<div id="ftCon">部分，有 3 个段落，对应网页显示的三行内容。

图 4.7　百度网站首页面

2. 网页代码重构

```
<! DOCTYPE html PUBLIC "-//W3C//DTD XHTML 1.0 Transitional//EN"
"http：//www. w3. org/TR/xhtml1/DTD/xhtml1-transitional. dtd">
<html xmlns="http：//www. w3. org/1999/xhtml">
<head>
<title>百度一下，你就知道</title>
</head>
<body>
<div id="wrapper">
  <div id="content">
    <div id="u">搜索设置 | 登录注册</div>
      <div id="m">
        <p id="lg"><img src="bdlogo. gif" ></p>
        <p id="nv">新   闻 <b>网   页</b> 贴   吧 知
  道 音   乐 图   片 视   频 地   图</p>
        <div id="fm">
          <form name="f" action="/s">
          <input type="text" name="wd" id="kw" >
          <input type="hidden" name="rsv_ bp" value="0">
          <input type=hidden name=ch value="" >
          <input type=hidden name=tn value="baidu" >
          <input type=hidden name=bar value="" >
          <input type="hidden" name="rsv_ spt" value="3">
```

```
                    <input type="hidden" name="ie" value="utf-8">
                    <input type="submit" value="百度一下" id="su">
                    </form>
                </div>
                <p id="lk">百科　文库　hao123<span> ；｜ ；更多 &gt；
&gt；</span></p>
                <p id="lm">让上网更安全，立即下载百度杀毒</p>
            </div>
        </div>
    <div id="ftCon">
        <p>把百度设为主页把百度设为主页<span id="sekj">安装百度卫士</span>
</p>
        <p id="lh">加入百度推广  ；｜ ；搜索风云榜  ；｜ ；
关于百度  ；｜ ；About Baidu</p>
        <p id="cp">&copy；2013 ；Baidu ；使用百度前必读  ；京
ICP 证 030173 号  ；<img src="gs.gif"></p>
    </div>
    </div>
    </body>
    </html>
```

该网页内容结构如图 4.8 所示。

图 4.8　百度网站首页面结构

4.3.3 网页结构分析实例三

清华大学网站首页面（http：//www.tsinghua.edu.cn）显示效果如图 4.9 所示。

图 4.9 清华大学网站首页面

1. 网页结构分析

网页整体放在<div id="container">，分为<div id="header">、<div id="menu">、<div id="slideshow">、<div id="content">、<div id="cngi">、<div id="footer">、<div id="site_ map">七部分内容。

<div id="header">分为左边的网站 Logo<id class="logo">，右边的搜索和语言<div id="search">。

<div id="menu">是个二级菜单导航。

<div id="slideshow">滚动显示图像。

<div id="content">包括新闻列表<div id="con_ l icon">，头条新闻<div id="head_ news">，常用链接<div id="con_ r">。

<div id="cngi">是访问统计。

<div id="footer">底部页面，是主要联系方式等说明信息。

<div id="site_ map">为网站地图，通过 CSS 代码 style="display：none;"将该层隐藏，用于搜索引擎收录页面。

2. 网页代码重构

```
<! DOCTYPE html PUBLIC "-//W3C//DTD XHTML 1.0 Transitional//EN"
    "http：//www.w3.org/TR/xhtml1/DTD/xhtml1-transitional.dtd">
```

```
<html xmlns="http：//www. w3. org/1999/xhtml">
<head>
<title>清华大学 - Tsinghua University</title>
</head>
<body>
<div id="container">
　<div id="header">
　　<id class="logo">
　　</div>
　　<div id="search">
　　　<id class="language">
　　　</div>
　　　<id class="searchbar">
　　　</div>
　　</div>
　</div>
　<div id="menu">
　　<ul id="nav">
　　　<li id="mainlevel_ 01"></li>
　　　<li id="mainlevel_ 02">
　　　　<ul id="sub_ 02">
　　　　　<li>校长致辞</li>
　　　　　<li>学校沿革</li>
　　　　　<li>历任领导</li>
　　　　　<li>现任领导</li>
　　　　　<li>组织机构</li>
　　　　　<li>统计资料</li>
　　　　</ul>
　　　</li>
　　　<li id="mainlevel_ 03"></li>
　　　<li id="mainlevel_ 04">
　　　　<ul id="sub_ 04">
　　　　　<li>概况</li>
　　　　　<li>杰出人才</li>
　　　　</ul>
　　　</li>
　　　<li id="mainlevel_ 05"></li>
　　　　<ul id="sub_ 05">
```

```
            <li>本科生教育</li>
            <li>研究生教育</li>
            <li>留学生教育</li>
            <li>继续教育</li>
         </ul>
      </li>
      <li id="mainlevel_ 06"></li>
         <ul id="sub_ 06">
            <li>科研项目</li>
            <li>科研机构</li>
            <li>科研合作</li>
            <li>科研成果与知识产权</li>
            <li>学术交流</li>
         </ul>
      </li>
      <li id="mainlevel_ 07"></li>
         <ul id="sub_ 07">
            <li>本科生招生</li>
            <li>研究生招生</li>
            <li>留学生招生</li>
         </ul>
      </li>
      <li id="mainlevel_ 08"></li>
         <ul id="sub_ 08">
            <li>招聘计划</li>
            <li>招聘信息</li>
            <li>我要应聘</li>
         </ul>
      </li>
      <li id="mainlevel_ 09"></li>
      <li id="mainlevel_ 10"></li>
         <ul id="sub_ 10">
            <li>校园生活</li>
            <li>校园风光</li>
            <li>实用信息</li>
         </ul>
      </li>
   </ul>
```

```
        </div>
        <div id="slideshow">
        </div>
        <div id="content">
            <div id="con_ l icon">
            </div>
            <div id="head_ news">
                <div class="con_ m">
                </div>
                <div class="con_ m">
                </div>
            </div>
            <div id="con_ r">
              <ul class="icon">
                <li>校园公交车</li>
                <li>校园地图</li>
                <li>校园公告</li>
                <li>实用信息</li>
              </ul>
              <ul class="icon">
                <li>教育基金会</li>
                <li>校友总会</li>
              </ul>
            </div>
        </div>
        <div id="cngi">
          <p>　您的 IP 地址：</p>
        </div>
          <div id="footer">
            <p>电话查号台：010-62793001　/　管理员信箱：<br />地址：北京市
海淀区清华大学　/　版权所有 清华大学 </p>
            <p>访问量：</p>
            <p>京公网安备 110402430053 号</p>
          </div>
          <div id="site_ map" style="display：none；">
          </div>
        </div>
    </div>
</body>
</html>
```

4.3.4 网页结构分析实例四

北京大学网站首页面（http：//www.pku.edu.cn）显示效果如图4.10所示。

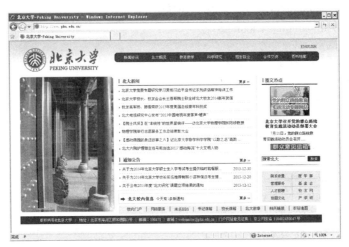

图 4.10 北京大学网站首页面

1. 网页结构分析

网页整体放在<div id="all">，从上到下分为<div id="top">、<div id="book">、<div id="bottom">三部分内容。

<div id="top">部分包括网站 Logo<ul class="logo">、语言选择<ul class="size">、导航条<ul class="tomenu">。

<div id="book">部分分为左边的图像<div id="pho">和右边的<div id="right">。其中，右边的<div id="right">包括北大新闻和通知公告<div id="leftnew">、图文热点和导航<div id="rightnew">、导航<div id="bmenu">。

<div id="bottom">部分是一个段落，主要是网站说明信息。

2. 网页代码重构

```
<! DOCTYPE html PUBLIC "-//W3C//DTD XHTML 1.0 Transitional//EN"
"http：//www.w3.org/TR/xhtml1/DTD/xhtml1-transitional.dtd">
<html xmlns="http：//www.w3.org/1999/xhtml">
<head>
<title>北京大学-Peking University</title>
</head>
<body>
<div id="all">
   <div id="top">
      <ul class="logo">
      </ul>
```

```
<ul class="size">
</ul>
<ul class="tomenu">
        <li class="pho"><img src="images/index/1_10.gif" alt=""/></li>
        <li class="size">新闻资讯</li>
        <li class="size">北大概况</li>
        <li class="size">教育教学</li>
        <li class="size">科学研究</li>
        <li class="size">招生就业</li>
        <li class="size">合作交流</li>
        <li class="size">图书档案</li>
</ul>
</div>
<div id="book">
  <div id="pho">
  </div>
  <div id="right">
    <div id="leftnew">
      <h1>北大新闻</h1>
      <ul class="newsize">
        <li>新闻标题</li>
        <li>新闻标题</li>
        <li>新闻标题</li>
        <li>新闻标题</li>
        <li>新闻标题</li>
        <li>新闻标题</li>
        <li>新闻标题</li>
        <li>新闻标题</li>
      </ul>
    </div>
      <h1>通知公告</h1>
      <ul class="newsize">
        <li>公告标题</li>
        <li>公告标题</li>
        <li>公告标题</li>
      </ul>
    </div>
    <div id="rightnew">
      <h1>图文热点</h1>
```

```
                <ul class="rihht_a">
                    <li class="phonew">图</li>
                    <li class="lenew">标题</li>
                    <li class="lesize">内容</li>
                </ul>
                <ul class="rihht_b">
                    <li class="rihht_b">院系设置</li>
                    <li class="rihht_b">医学部</li>
                    <li class="rihht_b">管理服务</li>
                    <li class="rihht_b">基金会</li>
                    <li class="rihht_b">人才招聘</li>
                    <li class="rihht_b">校友网</li>
                    <li class="rihht_b">校园文化</li>
                    <li class="rihht_b">产学研</li>
                </ul>
            </div>
            <div id="bmenu">
                <ul>
                <li class="menu">校内门户</li>
                <li class="menu">网络服务</li>
                <li class="menu">未名 BBS</li>
                <li class="menu">书记信箱</li>
                <li class="menu">校长信箱</li>
                <li class="menu">北大故事</li>
                <li class="menu">相关链接</li>
                <li class="rightmenu">本站地图</li>
                </ul>
            </div>
        </div>
    </div>
    <div id="bottom">
        <p>版权所有 &copy；北京大学  ； ；|  ； ；地址：北
京市海淀区颐和园路 5 号  ； ；|  ； ；邮编：100871 ；
 ；|  ； ；邮箱：webmaster@pku.edu.cn ； ；|  ；
 ；门户网站意见征集  ； ；|  ； ；京公网安备  ；
110402430047 ；号
    </div>
    </div>
</body>
</html>
```

4.3.5 网页结构分析实例五

禅意花园网站首页面（http：//www.csszengarden.com）显示效果如图 4.11 所示。

图 4.11 禅意花园网站首页面

1. 网页结构分析

网页整体放在<div id="container">，分为<div id="intro">、<div id="supporting-Text">、<div id="linkList">三部分内容。

<div id="intro">部分包括<div id="pageHeader">、<div id="quickSummary">、<div id="preamble">三部分内容。

<div id="supportingText">部分包括<div id="explanation">、<div id="participation">、<div id="benefits">、<div id="requirements">四部分内容，每部分包括 1 个标题<h3>和若干个段落<p>。

<div id="linkList">部分包括<div id="lselect">、<div id="larchives">、<div id="lresources">，各含一个列表。

2. 网页代码重构

```
<! DOCTYPE html PUBLIC "-//W3C//DTD XHTML 1.0 Transitional//EN"
"http：//www.w3.org/TR/xhtml1/DTD/xhtml1-transitional.dtd">
<html xmlns="http：//www.w3.org/1999/xhtml">
<head>
<title>css Zen Garden：The Beauty in CSS Design</title>
</head>
<body>
<div id="container">
```

```
<div id="intro">
  <div id="pageHeader">
    <h1>css Zen Garden</h1>
    <h2>The Beauty of CSS Design</h2>
  </div>
  <div id="quickSummary">
    <p class="p1">A demonstration of CSS...</p>
    <p class="p2">Download the sample...</p>
  </div>
  <div id="preamble">
    <h3>The Road to Enlightenment</h3>
    <p class="p1">Littering a dark and dreary road ...</p>
    <p class="p2">Today, we must clear...</p>
    <p class="p3">The css Zen Garden invites...</p>
  </div>
</div>
<div id="supportingText">
  <div id="explanation">
    <h3>So What is This About? </h3>
    <p class="p1">There is clearly...</p>
    <p class="p2">CSS allows complete ...</p>
  </div>
  <div id="participation">
    <h3>Participation</h3>
    <p class="p1">Graphic artists only please. ...</p>
    <p class="p2">You may modify ...</p>
    <p class="p3">Download the sample ...</p>
  </div>
  <div id="benefits">
    <h3>Benefits</h3>
    <p class="p1">Why participate? For recognition, ...</p>
  </div>
  <div id="requirements">
    <h3>Requirements</h3>
    <p class="p1">We would like to see...</p>
    <p class="p2">Unfortunately, ...</p>
    <p class="p3">We ask that ...</p>
    <p class="p4">This is ...</p>
```

```
            <p class="p5">Bandwidth graciously ... </p>
        </div>
    </div>
    <div id="linkList">
        <div id="lselect">
            <h3 class="select">Select a Design：</h3>
            <ul>
                <li>Sample #1</li>
                <li>Sample #2</li>
                <li>Sample #3</li>
            </ul>
        </div>
        <div id="larchives">
            <h3 class="archives">Archives：</h3>
            <ul>
                <li>next designs</li>
                <li>previous designs</li>
                <li>View All Designs</li>
            </ul>
        </div>
        <div id="lresources">
            <h3 class="resources">Resources：</h3>
            <ul>
                <li>CSS</li>
                <li>Resources</li>
                <li>FAQ</li>
                <li>Submit a Design</li>
                <li>Translations</li>
            </ul>
        </div>
    </div>
</div>
</body>
</html>
```

4.4 实践练习

4.4.1 实例练习

将本章实例部分所有实例代码练习一遍，并对代码进行修改，对比显示效果。

4.4.2 综合练习

自行选择一个网站，分析其网站首页面内容结构，采用 XHTML 代码重写该网页主体结构和内容。

第 5 章　CSS 基础

5.1　学习目的与基本要求

1. 了解 CSS 常用属性。
2. 掌握 CSS 常用属性使用方法。
3. 掌握三类样式使用方法。

5.2　理论知识

5.2.1　CSS 基础知识

1. CSS 基本语法

CSS 规则由两部分组成：选择器以及一条或多条声明。如：

```
selector {
    declaration：1；
    declaration：2；
    …
    declaration：N；
}
```

选择器通常是需要改变样式的 HTML 元素，每条声明由一个属性和一个值组成。属性（property）是希望设置的样式属性（style attribute），每个属性有一个值，属性和值用被冒号分开。如：

```
selector {
    property：value；
}
```

下面这行代码的作用是将<p>元素内的文字颜色定义为黑色，同时将字体大小设置为 12 像素。p 是选择器，color 和 font-size 是属性，#00ff00 和 12px 是属性值。如：

```
p {
    color: #00ff00;
    font-size: 12px;
}
```

CSS 代码结构如图 5.1 所示。

图 5.1　CSS 代码结构图

注意：

①声明需使用花括号包围。

②如果属性值为若干单词，则要给值加引号。

③如果定义多个声明，则需要用分号将每个声明分开。

④CSS 对大小写不敏感，但结合 HTML 使用时，class 和 id 名称对大小写敏感。

2. CSS 选择器

（1）元素选择器

最常见的 CSS 选择器是元素选择器。HTML 文档各种元素的开始标签就是最基本的选择器，例如<p>、<h1>、<a>，甚至<html>本身：

```
html {
    color: black;
}
h1 {
    color: blue;
}
h2 {
    color: silver;
}
```

若将上面的段落文本（而不是<h1>）设置为灰色。只需要给<p>增加样式声明：

```
html {
    color: black;
}
p {
```

```
    color：gray；
  }
  h1 {
    color：blue；
  }
  h2 {
    color：silver；
  }
```

（2）id 选择器

id 选择器可以为标有特定 id 的 HTML 元素指定特定的样式。

id 选择器以"#"来定义。下面的两个 id 选择器，第一个定义元素的颜色为红色，第二个定义元素的颜色为绿色：

```
#p1 {
  color：red；
}
#p2 {
  color：green；
}
```

下面的 HTML 代码中，id 属性为 p1 的<p>段落元素显示为红色，而 id 属性为 p2 的<p>段落元素显示为绿色：

```
<p id="p1">这个段落是红色。</p>
<p id="p2">这个段落是绿色。</p>
```

注意：id 属性只能在每个 HTML 文档中出现一次。

（3）类选择器

类选择器以一个点号显示：

```
.t1 {
  text-align：center；
}
```

在上面的例子中，所有 t1 类的 HTML 元素均为居中。

在下面的 HTML 代码中，<h1>和<p>元素都有 t1 类。这意味着两者都将遵守.t1 选择器中的规则：

```
<h1 class="t1">
This heading will be center-aligned
</h1>
<p class="t1">
This paragraph will also be center-aligned.
</p>
```

注意：类名的第一个字符不能使用数字，否则无法在 Mozilla 或 Firefox 中起作用。

3. CSS 优先顺序

当同一个 HTML 元素被多个样式定义时，一般而言，所有的样式会根据下面的规则层叠于一个新的虚拟样式表中，样式表优先权顺序为：

行内样式（在 HTML 元素内部）>内嵌样式表（位于<head>元素内部）>外部样式表（单独的 CSS 样式文件）>浏览器缺省设置。

5.2.2　常用样式属性介绍

1. 背景

CSS 可以使用纯色作为背景颜色，也可以使用图像作为背景。

（1）背景颜色

可以使用 background-color 属性为元素设置背景颜色。这个属性接受任何合法的颜色值。

这条规则把元素的背景设置为灰色：

```
p {
    background-color: gray;
}
```

如果希望背景颜色从元素中的文本向外少有延伸，只需增加一些内边距：

```
p {
    background-color: gray;
    padding: 20px;
}
```

（2）背景图像

要把图像放入背景，需要使用 background-image 属性。background-image 属性的默认值是 none，表示背景上没有放置任何图像。

如果需要设置一个背景图像，必须为这个属性设置一个 URL 值：

```
body {
    background-image: url (background. jpg);
}
```

除<body>元素，段落<p>、标题<h1>，甚至表格行<tr>或单元格<td>等都可以应用背景图像或背景颜色：

```
p. flower {
    background-image: url (background. jpg);
}
```

甚至可以为行内元素设置背景图像，下面的例子为一个链接设置背景图像：

```
a. radio {
    background-image: url (background. jpg);
}
```

（3）背景重复

如果需要在页面上对背景图像进行平铺，可以使用 background-repeat 属性。

属性值 repeat 使图像在水平和垂直方向上都平铺，就像以往背景图像的通常做法一样。repeat-x 和 repeat-y 分别使图像只在水平或垂直方向上重复，no-repeat 则不允许图像在任何方向上平铺。默认地，背景图像将从一个元素的左上角开始。

下面 CSS 样式是设置 body 区域背景图像为 background. jpg，垂直方向平铺：

```
body {
    background-image: url (background. jpg);
    background-repeat: repeat-y;
}
```

（4）背景定位

可以利用 background-position 属性设置图像在背景中的位置：

```
body {
    background-image: url (background. jpg);
    background-repeat: no-repeat;
    background-position: center;
}
```

为 background-position 属性提供值有很多方法，可以使用一些关键字：top、bottom、

left、right 和 center，还可以使用长度值，例如 100px 或 5cm，也可以使用百分数值。

（5）关键字

根据规范，图像位置关键字可以按任何顺序出现，只要保证不超过两个关键字，一个对应水平方向，另一个对应垂直方向。例如，top right 使图像放置在元素内边距区的右上角。如果只出现一个关键字，则认为另一个关键字是 center。

如果希望每个段落的中部上方出现一个图像，只需声明如下：

```
p {
    background-image：url（background.jpg）；
    background-repeat：no-repeat；
    background-position：top；
}
```

2. 文本

CSS 文本属性可定义文本的外观。通过文本属性，我们可以改变文本颜色、字符间距、对齐方式、文本缩进、装饰方式等。

（1）文本颜色

color 属性可以用来设置文本的颜色。下面的代码设置一级标题<h1>文字颜色为绿色，二级标题<h2>文字颜色为红色，段落<p>文字颜色为蓝色：

```
h1 {
    color：#00ff00；
}
h2 {
    color：red；
}
p {
    color：rgb（0，0，255）；
}
```

（2）字间距

word-spacing 属性可以改变字（单词）之间的标准间隔，其默认值 normal 与设置值为 0 是一样的。word-spacing 属性接受一个正长度值或负长度值，如果提供一个正长度值，那么字之间的间隔就会增加，为 word-spacing 设置一个负值，会把文字拉近。

CSS 代码：

```
p. spread {
    word-spacing：30px；
}
```

```
    }
    p. tight {
        word-spacing: -0.5em;
    }
```
HTML 代码:
```
<p class="spread">
This is a paragraph. The spaces between words will be increased.
</p>
<p class="tight">
This is a paragraph. The spaces between words will be decreased.
</p>
```

（3）字母间距

letter-spacing 属性与 word-spacing 的区别在于: letter-spacing 修改字母间距, word-spacing 属性修改字（单词）间距。与 word-spacing 属性一样, letter-spacing 属性的可取值包括所有长度, 默认关键字是 normal（效果与 letter-spacing: 0 相同）, 输入的长度值会使字母之间的间隔增加或减少指定的量。

CSS 代码:

```
h1 {
    letter-spacing: -0.5em;
}
h4 {
    letter-spacing: 20px;
}
```
HTML 代码:
```
<h1>This is header 1</h1>
<h4>This is header 4</h4>
```

（4）水平对齐

text-align 是一个基本属性, 可设置元素中的文本行互相之间的对齐方式。

值 left、right 和 center 会设置元素中的文本分别左对齐、右对齐和居中对齐。

注意: 将块级元素或表元素居中, 要通过在这些元素上适当地设置左、右外边距来实现。

（5）文本缩进

CSS 提供 text-indent 属性, 该属性可以实现文本缩进。通过使用 text-indent 属性, 所有元素的第一行都可以缩进一个给定的长度。

这个属性最常见的用途是将段落的首行缩进, 下面的规则会使所有段落的首行缩进 5em:

```
p {
    text-indent: 5em;
}
```

text-indent 还可以设置为负值，实现"悬挂缩进"等效果，即第一行悬挂在元素中余下部分的左边：

```
p {
    text-indent: -5em;
}
```

注意：一般来说，可以为所有块级元素应用 text-indent，但无法将该属性应用于行内元素，图像之类的替换元素上也无法应用 text-indent 属性。不过，如果一个块级元素（例如段落）的首行中有一个图像，会随该行的其余文本移动。

（6）字符转换

text-transform 属性处理文本的大小写，这个属性有四个值：none、uppercase、lowercase、capitalize。默认值 none 对文本不做任何改动，将使用源文档中的原有大小写，uppercase 和 lowercase 将文本转换为全大写和全小写字符，capitalize 只对每个单词的首字母大写。

例如要把所有<h1>元素变为大写，不必单独修改所有<h1>元素的内容，只需使用 text-transform 即可完成修改：

```
h1 {
    text-transform: uppercase;
}
```

（7）文本装饰

text-decoration 有五个属性值：

①none，关闭原本应用到元素上的所有装饰。

②underline，对元素加一条下划线，就像 HTML 中的<u>元素一样。

③overline，在文本的顶端画一条上划线。

④line-through，在文本中间画一条贯穿线，等同于 HTML 中的<s>和<strike>元素。

⑤blink，让文本闪烁。

例如，超级链接默认有下划线，如果需要去掉链接的下划线，可以使用以下 CSS 实现：

```
a {
    text-decoration: none;
}
```

还可以在一个规则中结合多种装饰。如果希望所有链接既有下划线，又有上划线，则规则如下：

```
a：link a：visited {
    text-decoration：underline overline；
}
```

3. 字体

CSS 字体属性定义文本的字体系列、大小、加粗、风格（例如斜体）和变形（例如小型大写字母）。

（1）CSS 字体系列

在 CSS 中，有通用和特定两种不同类型的字体系列名称。

通用字体系列：拥有相似外观的字体系统组合，例如" Serif" 或" Monospace" 。

特定字体系列：具体的字体系列，例如" Times" 或" Courier" 。

除各种特定的字体系列外，CSS 还定义了 5 种通用字体系列：Serif 字体、Sans-serif 字体、Monospace 字体、Cursive 字体、Fantasy 字体。

使用 font-family 属性定义文本的字体系列：

```
body {
    font-family：sans-serif；
}
```

（2）字体风格

font-style 属性最常用于规定斜体文本。

该属性有三个值：normal（文本正常显示）、italic（文本斜体显示）、oblique（文本倾斜显示）：

```
p. normal {
    font-style：normal；
}
p. italic {
    font-style：italic；
}
p. oblique {
    font-style：oblique；
}
```

（3）字体变形

font-variant 属性可以设定小型大写字母。

小型大写字母不是一般的大写字母，也不是小写字母，这种字母采用不同大小的大写字母：

```
p {
    font-variant: small-caps;
}
```

（4）字体加粗

font-weight 属性设置文本的粗细。

使用 bold 关键字可以将文本设置为粗体。

关键字 100～900 为字体指定 9 级加粗度。如果一个字体内置这些加粗级别，那么这些数字就直接映射到预定义的级别，100 对应最细的字体变形，900 对应最粗的字体变形。数字 400 等价于 normal，而 700 等价于 bold。

如果将元素的加粗设置为 bolder，浏览器会设置比所继承值更粗的一个字体加粗。与此相反，关键词 lighter 会导致浏览器将加粗度下移一个级别：

```
p. normal {
    font-weight: normal;
}
p. thick {
    font-weight: bold;
}
p. thicker {
    font-weight: 900;
}
```

（5）字体大小

font-size 属性设置文本的大小。请始终使用正确的 HTML 标题，例如使用<h1>～<h6>来标记标题，使用<p>来标记段落。

font-size 值可以是绝对值或相对值。

绝对值：

①将文本设置为指定的大小。

②不允许用户在所有浏览器中改变文本大小（不利于可用性）。

③绝对大小在确定输出的物理尺寸时很有用。

相对值：

①相对于周围的元素来设置大小。

②允许用户在浏览器改变文本大小。

通过像素设置文本大小，我们可以对文本大小进行完全控制：

```
h1 {
  font-size: 60px;
}
h2 {
  font-size: 40px;
}
p {
  font-size: 14px;
}
```

在 Firefox，Chrome 和 Safari 中，可以重新调整以上例子的文本大小，但是在 Internet Explorer 中需使用 em 来设置字体大小，em 是 W3C 推荐使用的尺寸单位。

浏览器中默认的文本大小是 16 像素。因此 1em 的默认尺寸是 16 像素。如果一个元素的 font-size 为 16 像素，那么对于该元素，1em 就等于 16 像素。在设置字体大小时，em 的值会相对于父元素的字体大小改变。

可以使用下面这个公式将像素转换为 em：

```
/* 60px/16 = 3.75em */
h1 {
  font-size: 3.75em;
}
/* 40px/16 = 2.5em */
h2 {
  font-size: 2.5em;
}
/* 14px/16 = 0.875em */
p {
  font-size: 0.875em;
}
```

4. 链接

能够设置链接样式的 CSS 属性有很多种（例如 color，font-family，background 等）。链接的特殊性在于能够根据链接所处的状态来设置不同的样式，链接有四种状态：

①a：link，普通的、未被访问的链接。

②a：visited，用户已访问的链接。

③a：hover，鼠标指针位于链接的上方。

④a：active，链接被点击的时刻。

```
a：link {
color：#ff0000;
}
a：visited {
color：#00ff00;
}
a：hover {
color：#ff00ff;
}
a：active {
color：#0000ff;
}
```

当为链接的不同状态设置样式时，请按照以下次序规则：

①a：hover 必须位于 a：link 和 a：visited 之后。

②a：active 必须位于 a：hover 之后。

常见的链接样式：

（1）文本修饰

text-decoration 属性大多用于去掉链接中的下划线：

```
a：link {
    text-decoration：none;
}
a：visited {
    text-decoration：none;
}
a：hover {
    text-decoration：underline;
}
a：active {
    text-decoration：underline;
}
```

（2）背景颜色

background-color 属性规定链接的背景颜色：

```
a：link {
    background-color：#b2ff99;
}
```

```
a：visited {
  background-color：#fffff85;
}
a：hover {
  background-color：#ff704d;
}
a：active {
  background-color：#ff704d;
}
```

5. 列表

从某种意义上讲，不是描述性的文本的任何内容都可以认为是列表。

（1）列表类型

在一个无序列表中，列表项的标志（marker）是出现在各列表项左边的圆点。在有序列表中，标志可以是字母、数字或某种计数体系中的一个符号。

要修改用于列表项的标志类型，可以使用属性 list-style-type，如将无序列表中的列表项标志设置为方块：

```
ul {
  list-style-type：square;
}
```

（2）列表项图像

有时，需要使用图像作为列表项的标志，我们可以利用 list-style-image 属性，使用图像的 URL 地址作为属性值：

```
ul li {
  list-style-image：url（background.gif）;
}
```

（3）列表标志位置

CSS2 利用 list-style-position 属性，可以设置标志出现在列表项内容外部还是内容内部。

①inside，列表项目标记放置在文本以内，且环绕文本根据标记对齐。

②outside，默认值，保持标记位于文本的左侧文本以外，且环绕文本不根据标记对齐。

```
ul {
list-style-position：inside;
}
```

（4）简写列表样式

为简单起见，可以将以上 3 个列表样式属性合并为一个简写的属性 list-style：

```
li {
    list-style: url (background. gif) square inside;
}
```

list-style 的属性值可以按任何顺序列出，而且这些值都可以忽略，只要提供一个值，其余的就会填入默认值。

6. 表格

CSS 表格属性可以有效改善表格的外观。

（1）表格边框

使用 border 属性可设置表格边框，下面的例子为<table>、<th>以及<td>设置宽度为 1 像素的蓝色边框：

```
table, th, td {
    border: 1px solid blue;
}
```

注意：上例中的表格具有双线条边框，这是由于 table、th 以及 td 元素都有独立的边框。如果需要把表格显示为单线条边框，请使用 border-collapse 属性。

（2）折叠边框

border-collapse 属性设置是否将表格边框折叠为单一边框：

```
table {
    border-collapse: collapse;
}
table, th, td {
    border: 1px solid black;
}
```

（3）表格宽度和高度

width 和 height 属性定义表格的宽度和高度。

下面的例子将表格宽度设置为 100%，同时将<th>元素的高度设置为 50px：

```
table {
    width: 100%;
}
th {
    height: 50px;
}
```

（4）表格文本对齐

text-align 和 vertical-align 属性设置表格中文本的对齐方式。

text-align 属性设置水平对齐方式，例如左对齐 left、右对齐 right 或者居中对齐 center：

```
td {
    text-align: right;
}
```

vertical-align 属性设置垂直对齐方式，例如顶部对齐 top、底部对齐 bottom 或居中对齐 center：

```
td {
    height: 50px;
    vertical-align: bottom;
}
```

（5）表格内边距

如需控制表格中内容与边框的距离，可为<td>和<th>元素设置 padding 属性：

```
td {
    padding: 15px;
}
```

（6）表格颜色

下面的例子设置边框的颜色以及<th>元素的文本颜色和背景颜色：

```
table, td, th {
    border: 1px solid green;
}
th {
    background-color: green;
    color: white;
}
```

7. CSS 常用样式属性

CSS 常用样式的最常用属性如表 5.1、表 5.2、表 5.3、表 5.4、表 5.5 所示。

表 5.1　　　　　　　　　　　　　　　　长度单位

CSS 可用长度单位		
单位	说明	示例
px	Pixels，即像素，依屏幕分辨率而决定大小	font-size：10px

表 5.2　　　　　　　　　　　　　　　　颜色表示

CSS 可用颜色表示方式		
表示方式	说明	示例
#rrggbb	可以用调色工具选取，16 进制数	color：#feefc7

表 5.3　　　　　　　　　　　　　　　　背景可用值

CSS 可用背景值			
名称	说明	取值	示例
background-color	背景颜色	颜色	background-color：#ff0000
background-image	背景图像	url（）	background-image：url（bac.jpg）
background-position	背景图位置	水平值 垂直值 数字（像素）	background-position：135 159
background-repeat	背景是否重复	repeat（重复） repeat-x（水平重复） repeat-y（垂直重复） no-repeat（不重复）	background-repeat：repeat

表 5.4　　　　　　　　　　　　　　　　文字设定可用值

CSS 可用文字设定值			
名称	说明	取值	示例
color	文字颜色	颜色	color：#feefc7
font-family	字体	字体名称	font-family：arial
font-size	字体大小	数字（像素）	font-size：12px
font-style	字型样式	normal（普通） italic（斜体） oblique（斜体）	font-style：italic
letter-spacing	字符间距	normal（普通） 数字（预设为 0）	letter-spacing：5
text-align	字符对齐	left（左边） right（右边） center（中间） justify（左右平分）	text-align：justify

表5.4(续)

CSS 可用文字设定值			
名称	说明	取值	示例
text-decoration	字符样式	none（普通） underline（加底线） no-underline（不加底线） blink（闪烁） no-blink（不闪烁） line-through（加删除线） no-line-through（不加删除线） overline（加顶线） no-overline（不加顶线）	text-decoration：underline

表 5.5 超级链接设定

CSS 可用超级链接设定值，注意顺序一定要是 link、visited、hover、actived			
名称	说明	取值	示例
a：link	链接	文字样式	color：#cc3399；text-decoration：none
a：visited	访问过链接	文字样式	color：#ff3399；text-decoration：none
a：hover	鼠标停留链接	文字样式	color：#800080；text-decoration：underline
a：active	激活链接	文字样式	color：#800080；text-decoration：underline

5.2.3 三类样式的使用

根据 CSS 样式代码的放置位置，其样式分为三类：行内样式、内嵌样式、外部样式。

1. 行内样式

行内样式（style）直接用在 HTML 的元素里，一般是用在\<p\>、\<span\>、\<div\>、\<h1\>等开始标签中，作用范围也在这些元素内，可以包含任何 CSS 属性。格式为：

```
style="属性名：属性值；属性名：属性值；属性名：属性值；"
```

使用方法：

```
<body style="background-image：url（"background. gif"）；">
<p style="color：sienna；margin-left：20px">This is a paragraph</p>
```

2. 内嵌样式

当单个文档需要特殊的样式时，就应该使用内嵌样式表。可以使用\<style\>标签在文档头部\<head\>元素内定义内嵌样式表：

```
<head>
<style type = "text/css">
hr {
    color: sienna;
}
p {
    margin-left: 20px;
}
body {
    background-image: url ("background. gif");
}
</style>
</head>
```

3. 外部样式表

使用外部样式表,可同时应用于多个 HTML 文件,通过改变一个 CSS 样式文件来改变整个站点的外观。每个页面使用<link>标签链接到样式表。<link>标签在头部<head>元素内:

```
<head>
<link rel = "stylesheet" type = "text/css" href = "mystyle. css" />
</head>
```

浏览器会从文件 mystyle. css 中读到样式声明,并根据样式声明来格式文档。

外部样式表可以在任何文本编辑器中进行编辑。文件不能包含任何的 HTML 元素。样式表以 . css 扩展名进行保存。下面是一个样式表文件的例子:

```
hr {
    color: sienna;
}
p {
    margin-left: 20px;
}
body {
    background-image: url ("background. gif");
}
```

注意:属性值与单位之间不能留有空格。

5.3　实例内容

5.3.1　行内样式实例

1. HTML 代码

```
<! DOCTYPE html PUBLIC "-//W3C//DTD XHTML 1.0 Transitional//EN"
"http：//www. w3. org/TR/xhtml1/DTD/xhtml1-transitional. dtd">
<html xmlns="http：//www. w3. org/1999/xhtml">
<head>
<title>行内样式实例</title>
</head>
<body>
<p style="font-size：20px; text-align：center; background-color：#ffcc00; width：
600px;">文字大小20像素，居中对齐</p>
<p style="color：#0000ff; background-image：url（background. jpg）;">蓝色文
字，有背景图片</p>
<h1 style="font-size：16px; font-family：Arial; color：green;">文字大小16像
素，绿色，字体为 Arial</h1>
<table style="border-color：#000000; border-style：solid; border-width：1px;
width：500px; height：100px;">
    <tr>
        <td>一行一列表格，表格外边框宽度1像素，黑色实线，表格宽度500像
素，高度100像素</td>
    </tr>
</table>
<h1 style="font-size：16px; font-family：Arial; color：blue;">文字大小16像
素，蓝色，字体为 Arial </h1>
<table style="border-color：#ff0000; border-style：dotted; border-width：2px;
width：400px; height：80px;">
    <tr>
        <td>一行一列表格，表格外边框宽度2像素，红色点划线，表格宽度400
像素，高度80像素</td>
    </tr>
</table>
</body>
</html>
```

2. 代码说明

本例定义 6 个行内样式，分别对 2 个段落<p>、1 个标题<h1>、1 个表格<table>、1 个标题<h1>元素设定样式。

第一个段落样式，文字大小 20 像素，文字居中对齐，段落背景颜色为#ffcc00，段落宽度 600 像素。

第二个段落样式，文字颜色为蓝色（#0000ff），段落背景图像为同目录下的 background. jpg。

第一个标题 h1 样式，文字大小 16 像素，字体 Arial，文字颜色绿色（green）。

第一个表格样式，边框颜色为黑色（#000000），边框线型为实线（solid），边框宽度 1 像素，表格宽度 500 像素，高度 100 像素。

第二个标题 h1 样式，文字大小 16 像素，字体 Arial，文字颜色为蓝色（blue）。

第二个表格样式，边框颜色为红色（#ff0000），边框线型为点划线（dotted），边框宽度 2 像素，表格宽度 400 像素，高度 80 像素。

显示效果如图 5.2 所示。

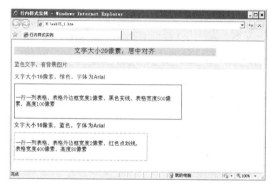

图 5.2　行内样式显示效果

5.3.2　内嵌样式实例

内嵌样式分为 HTML 元素选择器、class 类选择器、id 选择器三种。

1. HTML 代码

```
<! DOCTYPE html PUBLIC "-//W3C//DTD XHTML 1. 0 Transitional//EN"
"http：//www. w3. org/TR/xhtml1/DTD/xhtml1-transitional. dtd" >
<html xmlns="http：//www. w3. org/1999/xhtml" >
<head>
<meta http-equiv="Content-Type" content="text/html; charset=gb2312" />
<title>内嵌样式实例</title>
<style type="text/css" >
#p1 {
  font-size：30px；
```

```
      text-align: center;
      background-color: #ffcc00;
      width: 600px;
    }
#p2 {
      color: #0000ff;
      background-image: url (Winter. jpg);
    }
h1 {
      font-size: 48px;
      color: green;
      font-family: Arial;
    }
.t1 {
      border-color: #000000;
      border-style: solid;
      border-width: 1px;
      width: 500px;
      height: 100px;
    }
a: link {
      color: #cc3399;
      text-decoration: none;
    }
a: visited {
      color: #ff3399;
      text-decoration: none;
    }
a: hover {
      color: #800080;
      text-decoration: underline;
    }
a: active {
      color: #800080;
      text-decoration: underline;
    }
</style>
</head>
```

```
<body>
<p id="p1">字体大小 30px</p>
<p id="p2">绿色文字</p>
<h1>CSS1</h1>
<table class="t1" >
  <tr>
    <td >   </td>
  </tr>
</table>
<h1>CSS2</h1>
<a href="http：//www. ctbu. edu. cn">重庆工商大学</a><br>
<a href="http：//www. cqu. edu. cn">重庆大学</a></br>
<table class="t1" >
  <tr>
    <td >   </td>
  </tr>
</table>
</body>
</html>
```

2. 代码说明

在<head>和</head>之间集中定义 id 选择器 p1 和 p2、HTML 元素选择器 h1、class 类选择器 t1 和 HTML 元素选择器 a（超级链接）的各类样式。

第一段<p id="p1">，id 为 p1，则应用 id 选择器 p1 定义的样式。

第二段<p id="p2">，id 为 p2，则应用 id 选择器 p2 定义的样式。

所有 h1 标题都应用 HTML 选择器 h1 定义的样式。

两个表格<table class="t1" >，都属于 class 类 t1，则应用 class 类选择器 t1 定义的样式。

所有链接都应用 HTML 选择器 a 定义的样式（含 a：link、a：visited、a：hover 和 a：active）。

显示效果如图 5.3 所示。

5.3.3　外部样式实例

常采用链接式，即分别编写 HTML 文件和 CSS 文件，然后将 CSS 文件链接到 HTML 文件中。HTML 文件命名为 5_ 3. htm，CSS 文件命名为 5_ 3. css，两个文件放在同一文件夹根目录中。

图 5.3　内嵌样式显示效果

1. HTML 代码

```
<! DOCTYPE html PUBLIC "-//W3C//DTD XHTML 1.0 Transitional//EN"
"http：//www. w3. org/TR/xhtml1/DTD/xhtml1-transitional. dtd">
<html xmlns="http：//www. w3. org/1999/xhtml">
<head>
<meta http-equiv="Content-Type" content="text/html; charset=gb2312" />
<title>外部样式实例</title>
<link href="5_ 3. css" rel="stylesheet" type="text/css">
</head>
<body>
<p id="p1">字体大小 30px</p>
<p id="p2">绿色文字</p>
<h1>CSS1</h1>
<table class="t1" >
  <tr>
    <td >  </td>
  </tr>
</table>
<h1>CSS2</h1>
<a href="http：//www. ctbu. edu. cn">重庆工商大学</a><br>
<a href="http：//www. cqu. edu. cn">重庆大学</a></br>
<table id="t2" >
  <tr>
    <td >1</td>
    <td >2 </td>
```

```
      </tr>
      <tr>
        <td >3 </td>
        <td >4</td>
      </tr>
    </table>
  </body>
</html>
```

2. CSS 代码

```
#p1 {
    font-size：30px；
    text-align：center；
    background-color：#ffcc00；
    width：600px；
}
#p2 {
    color：#0000ff；
    background-image：url（Winter. jpg）；
}
h1 {
    font-size：48px；
    color：green；
    font-family：Arial；
}
.t1 {
    border-color：#000000；
    border-style：solid；
    border-width：1px；
    width：500px；
    height：100px；
}
#t2 {
    border-collapse：collapse；
    width：500px；
    height：100px；
}
```

```
#t2 td {
  border-color: #eeee00;
  border-style: solid;
  border-width: 1px;
  text-align: center;
}
a: link {
  color: #cc3399;
  text-decoration: none;
}
a: visited {
  color: #ff3399;
  text-decoration: none;
}
a: hover {
  color: #800080;
  text-decoration: underline;
}
a: active {
  color: #800080;
  text-decoration: underline;
}
```

CSS 样式表文件链接方法为在 HTML 文件的<head>和</head>之间添加：

```
<link href="5_3. css" rel="stylesheet" type="text/css">
```

3. 代码说明

HTML 文件中的段落<p id="p1">，调用 CSS 文件中的样式#p1，段落文字大小为 30 像素，文字居中对齐，背景颜色为#ffcc00，段落宽度为 600 像素。

同理，<p id="p2">调用 CSS 样式#p2，<h1>调用 CSS 样式 h1，<table class="t1">调用 CSS 样式 .t1，<table class="t2">调用 CSS 样式 .t2，<table class="t2">的单元格<td>调用 CSS 样式#t2 td，超级链接调用 CSS 样式 a: link、a: visited、a: hover、a: active。

显示效果如图 5.4 所示。

图 5.4　外部样式显示效果

5.4　实践练习

5.4.1　实例练习

将本章实例部分所有实例代码练习一遍，并对代码进行修改，对比显示效果。

5.4.2　综合练习

在前一次综合实践练习作业——制作个人简历网页的基础上，应用行内样式、内嵌样式、外部样式三种形式和 HTML 元素、class、id 三种选择器，对网页和表格背景（图像、颜色等）、文字格式（字体、字号、对齐方式等）、链接样式、边框样式等进行设置。

第 6 章 CSS 综合

6.1 学习目的与基本要求

1. 掌握框模型概念。
2. 掌握框模型常用属性。
3. 掌握 CSS 综合应用方法。

6.2 理论知识

6.2.1 框模型

DIV 框模型图如图 6.1 所示：

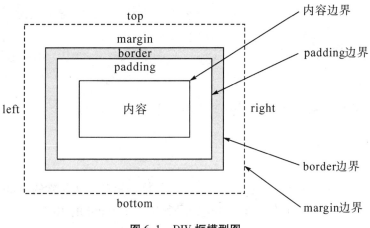

图 6.1 DIV 框模型图

框模型包含：
①margin，外边距。
②border，边框。
③padding，内边距。

6.2.2 框模型常用属性

框模型常用属性有宽度 width、高度 height、内边距 padding、外边距 margin、边框宽度 border-width、边框线型 border-style、边框颜色 border-color 等。

1. CSS margin 属性

使用 margin 属性可设置外边距，margin 属性接受任何长度单位，可以是像素、英寸、毫米或 em。

margin 属性的默认值是 0，如果没有为 margin 声明一个值，就不会出现外边距。但在实际中，浏览器对许多元素已经提供预定的样式，外边距也不例外。例如，在支持 CSS 的浏览器中，浏览器预设的外边距会在每个段落元素的上面和下面生成空白区域。

如果对外边距进行特别声明，就会覆盖浏览器默认样式。margin 可以设置为 auto，或具体长度值。

下面的声明在<h1>元素的各个边上设置 1/4 英寸宽的空白：

```
h1 {
    margin: 0.25in;
}
```

下面的例子为<h1>元素的四个边分别定义不同的外边距，所使用的长度单位是像素（px）：

```
h1 {
    margin: 10px 0px 15px 5px;
}
```

这些值的顺序是从上外边距（top）开始围着元素顺时针旋转：

```
margin: top right bottom left
```

还可以为 margin 设置一个百分比数值，百分数是相对于父元素的 width 计算的。下面这个例子为<p>元素设置的外边距是其父元素 width 的 10%：

```
p {
    margin: 10%;
}
```

CSS 定义一些规则，允许为外边距指定少于 4 个值，称为值复制。规则如下：

①如果缺少左外边距的值，则使用右外边距的值。

②如果缺少下外边距的值，则使用上外边距的值。

③如果缺少右外边距的值，则使用上外边距的值。

可以使用下列任何一个属性单独设置外边距，而不会影响其他外边距设置值：

①margin-top，上外边距。

②margin-right，右外边距。

③margin-bottom，下外边距。

④margin-left，左外边距。

一个规则中可以使用多个单边属性，例如：

```
h2 {
    margin-top：20px；
    margin-right：30px；
    margin-bottom：30px；
    margin-left：20px；
}
```

显示效果等同于：

```
p {
    margin：20px 30px 30px 20px；
}
```

2. CSS border 属性

元素的边框（border）是围绕元素内容和内边距的一条或多条线。CSS border 属性允许设定元素边框的样式、宽度和颜色。

（1）边框与背景

CSS 规范指出，边框绘制在"元素的背景之上"。有些边框是"间断的"（例如，点线边框或虚线框），元素的背景应当出现在边框的可见部分之间。

CSS2 指出背景只延伸到内边距，而不是边框。后来 CSS2.1 进行更正：元素的背景是内容、内边距和边框区的背景。大多数浏览器都遵循 CSS2.1 定义，不过一些版本较低的浏览器可能会有不同的表现。

（2）边框的样式

样式是边框最重要的一个属性，因为如果没有样式，就没有边框。

CSS 的 border-style 属性定义 9 种不同的非 inherit 样式，包括 none：

①none，无边框。

②dotted，点线。

③dashed，虚线。

④solid，实线。

⑤double，双线。

⑥groove，立体凹线。

⑦ridge，立体凸线。

⑧inset，立体嵌入线。

⑨outset，立体隆起线。

可以将一幅图片的边框定义为 outset，使之看上去像是"凸起按钮"：

```
a：link img {
    border-style：outset;
}
```

采用 top-right-bottom-left 的顺序，可以为一个边框定义多个样式，如为类名为 aside 的段落定义四种边框样式：实线上边框、点线右边框、虚线下边框和一个双线左边框：

```
p. aside {
    border-style：solid dotted dashed double;
}
```

（3）定义单边样式

如果希望为元素框的某一个边单独设置边框样式，而不是设置所有 4 个边的边框样式，可以使用下面的单边边框样式属性：

①border-top-style，上边框样式。

②border-right-style，右边框样式。

③border-bottom-style，下边框样式。

④border-left-style，左边框样式。

下面的样式显示效果：

```
p {
    border-style：solid solid solid none;
}
```

等价于以下代码：

```
p {
    border-style：solid;
    border-left-style：none;
}
```

注意：如果要使用第二种方法，必须把单边属性放在简写属性之后。因为如果把单边属性放在 border-style 之前，后一条定义的属性值就会覆盖前一条属性值。

（4）边框的宽度

border-width 属性为边框指定宽度。为边框指定宽度有两种方法：长度值，例如 2px 或 0.1em；或者使用 3 个关键字之一，thin、medium（默认值）或 thick。如：

```
p {
    border-style: solid;
    border-width: 5px;
}
```

或者：

```
p {
    border-style: solid;
    border-width: thick;
}
```

注意：CSS 没有定义 3 个关键字的具体宽度，不同浏览器对 thin、medium（默认值）和 thick 可能会有不同的赋值。

也可以按照 top-right-bottom-left（上、右、下、左）的顺序设置元素的各边边框：

```
p {
    border-style: solid;
    border-width: 15px 5px 15px 5px;
}
```

上面的例子也可以简写为：

```
p {
    border-style: solid;
    border-width: 15px 5px;
}
```

也可以通过下列属性分别设置边框各边的宽度：

①border-top-width，上边框宽度。

②border-right-width，右边框宽度。

③border-bottom-width，下边框宽度。

④border-left-width，左边框宽度。

因此，下面的规则与上面的例子是等价的：

```
p {
    border-style: solid;
    border-top-width: 15px;
    border-right-width: 5px;
    border-bottom-width: 15px;
    border-left-width: 5px;
}
```

（5）没有边框

由于 border-style 的默认值是 none，如果没有声明样式，就相当于 border-style：none。则边框根本不存在，那么边框就不可能有宽度，边框宽度自动设置为 0。因此，如果希望显示某种边框，就必须设置边框样式，例如 solid 或 outset：

```
p {
    border-style: none;
    border-width: 50px;
}
```

尽管边框的宽度是 50px，但是边框样式设置为 none。在这种情况下，不仅边框的样式没有，其宽度也会变成 0。

（6）边框的颜色

CSS 使用 border-color 属性定义边框的颜色，一次可以接受最多 4 个颜色值。

可以使用任何类型的颜色值，例如命名颜色，十六进制值或 RGB 值：

```
p {
    border-style: solid;
    border-color: blue rgb (25%, 35%, 45%) #909090 red;
}
```

如果颜色值小于 4 个，值复制就会起作用。例如下面的规则声明段落的上下边框是蓝色，左右边框是红色：

```
p {
    border-style: solid;
    border-color: blue red;
}
```

注意：默认的边框颜色是元素本身的前景色。如果没有为边框声明颜色，将与元素的文本颜色相同。如果元素没有任何文本，假设表格只包含图像，那么该表的边框颜色就是其父元素的文本颜色（因为 color 可以继承）。这个父元素很可能是<body>、<div>或另一个<table>。

（7）定义单边颜色

还有一些单边边框颜色属性，原理与单边样式和宽度属性相同：

①border-top-color，上边框颜色。

②border-right-color，右边框颜色。

③border-bottom-color，下边框颜色。

④border-left-color，左边框颜色。

要为<h1>元素指定实线黑色边框，而右边框为实线红色，可以这样设定：

```
h1 {
    border-style：solid；
    border-color：black；
    border-right-color：red；
}
```

（8）透明边框

CSS2 引入边框颜色值 transparent。这个值用于创建有宽度的不可见边框。这种透明边框相当于内边距，如果有可见背景，元素的背景会延伸到边框区域。如：

```
<a href="#">one. htm</a>
<a href="#">two. htm</a>
<a href="#">three. htm</a>
```

为上面的链接定义如下样式：

```
a：link, a：visited {
    border-style：solid；
    border-width：5px；
    border-color：transparent；
}
a：hover {
    border-color：gray；
}
```

3. CSS padding 属性

CSS padding 属性定义元素的内边距，padding 属性接受长度值或百分比值，但不允许使用负值。

设置所有<h1>元素的各边都有 10 像素的内边距：

```
h1 {
    padding: 10px;
}
```

可以为元素的内边距设置百分数值，百分数值是相对于其父元素的 width 计算的，这一点与外边距一样。所以，如果父元素的 width 改变，子元素也会改变。

如果一个段落的父元素是<div>元素，<div>宽度为 200 像素：

```
<div style="width: 200px;">
<p>This paragragh is contained within a DIV that has a width of 200 pixels. </p>
</div>
```

下面这条规则把段落<p>的内边距设置为父元素<div>宽度的 10%：

```
p {
    padding: 10%;
}
```

注意：上下内边距与左右内边距一致，即上下内边距的百分数会相对于父元素宽度设置，而不是相对于高度。

还可以按照上、右、下、左的顺序分别设置各边的内边距，各边均可以使用不同的单位或百分比值：

```
h1 {
    padding: 10px 0.25em 2ex 20%;
}
```

也可使用下面四个单独的属性，分别设置上、右、下、左内边距：

①padding-top，上内边距。

②padding-right，右内边距。

③padding-bottom，下内边距。

④padding-left，左内边距。

下面的规则实现的效果与上面的简写规则是完全相同的：

```
h1 {
    padding-top: 10px;
    padding-right: 0.25em;
    padding-bottom: 2ex;
    padding-left: 20%;
}
```

边框属性可用值和边框属性值如表 6.1 和表 6.2 所示。

表 6.1　　　　　　　　　　　　　　边框属性可用值

CSS 可用属性值			
名称	说明	取值	示例
visibility	显示或是隐藏	hidden（隐藏） visible（显示）	visibility：hidden
width	宽度	auto（自动决定） 数字	width：135px
height	高度	auto（自动决定） 数字	height：100px
margin	外边距	数字	margin：0px
padding	内边距	数字	padding：5px

表 6.2　　　　　　　　　　　　　　边框属性值

CSS 可用层设定值，框线位置（顺序：上-top、右-right、下-bottom、左-left）			
名称	说明	取值	示例
border-color border-（框线位置）-color 例如：border-left-color	边框颜色	任何颜色表示方法	border-color：#0000ff
border-style border-（框线位置）-style 例如：border-top-style	边框样式	none（无边框） dotted（点线） dashed（虚线） solid（实线） double（双线） groove（立体凹线） ridge（立体凸线） inset（立体嵌入线） outset（立体隆起线）	border-style：dotted
border-width border-（框线位置）-width 例如：border-right-width	边框宽度	数字	border-width：5px

6.3　实例内容

6.3.1　span 元素实例

1. HTML 代码

```
<! DOCTYPE html PUBLIC "-//W3C//DTD XHTML 1.0 Transitional//EN"
"http：//www.w3.org/TR/xhtml1/DTD/xhtml1-transitional.dtd">
```

```
<html xmlns="http://www.w3.org/1999/xhtml">
<head>
<meta http-equiv="Content-Type" content="text/html; charset=gb2312" />
<title>无标题文档</title>
<style type="text/css">
p {
    margin: 10px 20px 30px 40px;
    padding: 20px 20px 30px 30px;
    background-color: #ffff99;
    font-size: 20px;
    text-align: left;
    text-indent: 2em;
}

p span {
    background-color: #ffffff;
    color: #ff0000;
    border-bottom: 1px dashed #0000ff;
    border-top: 1px dashed #0000ff;
}
</style>
</head>
<body>
<div id="container">
<p>若需对各层进行修改设置，展开右侧<span>CSS</span>面板的<span>CSS</span>样式区域，选择相应的层，双击打开，设置各层的位置、层的大小、背景颜色、边框样式、层内文字样式等。若需对各层进行修改设置，展开右侧<span>CSS</span>面板的<span>CSS</span>样式区域，选择相应的层，双击打开，设置各层的位置、层的大小、背景颜色、边框样式、层内文字样式等。若需对各层进行修改设置，展开右侧<span>CSS</span>面板的<span>CSS</span>样式区域，选择相应的层，双击打开，设置各层的位置、层的大小、背景颜色、边框样式、层内文字样式等。</p>
<p>若需对各层进行修改设置，展开右侧<span>CSS</span>面板的<span>CSS</span>样式区域，选择相应的层，双击打开，设置各层的位置、层的大小、背景颜色、边框样式、层内文字样式等。若需对各层进行修改设置，展开右侧<span>CSS</span>面板的<span>CSS</span>样式区域，选择相应的层，双击打开，设置各层的位置、层的大小、背景颜色、边框样式、层内文字样式等。</p>
</div>
</body>
</html>
```

2. 代码说明

<body>区域有两个段落<p>，段落<p>内有多个<span>元素，在<head>区域定义段落<p>的默认 CSS 样式，和<span>的特殊 CSS 样式。

显示效果如图 6.2 所示。

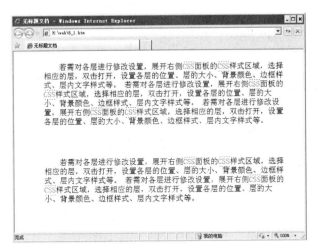

图 6.2　span **元素显示效果**

6.3.2　列表实例

1. HTML 代码

```
<! DOCTYPE html PUBLIC "-//W3C//DTD XHTML 1. 0 Transitional//EN"
"http：//www. w3. org/TR/xhtml1/DTD/xhtml1-transitional. dtd" >
<html xmlns="http：//www. w3. org/1999/xhtml" >
<head>
<meta http-equiv="Content-Type" content="text/html；charset=gb2312" />
<title>无标题文档</title>
<style type="text/css" >
body {
    margin：0 auto；
    text-align：center；
}
. menudiv {
    margin：0 auto；
    width：500px；
    text-align：left；
    border：2px dashed #cccccc；
}
```

```
.menudiv ul {
    list-style: none;
    margin: 0x;
    padding: 0px;
}
.menudiv li {
    border-bottom: 1px dashed #cccccc;
    list-style-type: none;
    font-size: 14px;
    color: #0000ff;
}
.menudiv li span {
    float: right;
    font-size: 12px;
    color: #ff0000;
}
.menudiv li a {
    text-decoration: none;
}
</style>
</head>
<body>
<div class="menudiv">
    <ul>
        <li>这是新闻标题 1 - 2014-1-6</li>
        <li>这是新闻标题 2 - 2014-1-6</li>
        <li>这是新闻标题 3 - 2014-1-6</li>
    </ul>
</div>
<br />
<div class="menudiv">
    <ul>
        <li><span>2014-1-6</span><a href="1.htm">这是新闻标题 1</a></li>
        <li><span>2014-1-6</span><a href="2.htm">这是新闻标题 2</a></li>
        <li><span>2014-1-6</span><a href="3.htm">这是新闻标题 3</a></li>
    </ul>
</div>
</body>
</html>
```

2. 代码说明

在文章列表中，文章标题名一般左对齐，发布时间右对齐，标题和发布时间之间填充空白，由于标题字数不确定，因此空白区宽度无法确定。在这种情况下，既可以采用程序代码计算空白宽度，也可以采用<span>元素，定义发布时间右浮动。

定义了两个列表，放在<div class = "menudiv">框中。第二个列表对于第一个列表的区别在于增加了<span>元素，实现右浮动效果。

列表显示效果如图 6.3 所示。

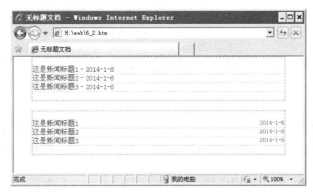

图 6.3　列表显示效果

6.3.3　导航条实例一

1. 建立无序列表

先用一个无序列表建立菜单的结构，代码是：

```
<! DOCTYPE html PUBLIC "-//W3C//DTD XHTML 1.0 Transitional//EN"
"http：//www. w3. org/TR/xhtml1/DTD/xhtml1-transitional. dtd">
<html xmlns = "http：//www. w3. org/1999/xhtml">
<head>
<meta http-equiv = "Content-Type" content = "text/html; charset = gb2312" />
<title>导航条实例一</title>
</head>
<body>
<ul>
<li><a href = "index. htm">首页</a></li>
<li><a href = "product. htm">产品介绍</a></li>
<li><a href = "service. htm">服务介绍</a></li>
<li><a href = "support. htm">技术支持</a></li>
<li><a href = "order. htm">立刻购买</a></li>
<li><a href = "contact. htm">联系我们</a></li>
</ul>
</body>
</html>
```

显示效果如图 6.4 所示。

图 6.4　无序列表默认显示效果

2. 隐藏 li 的默认样式

菜单通常都不需要<li>默认的圆点，给<ul>定义一个样式"list-style：none"来消除这些圆点。为更好地控制整个菜单，把菜单放在一个<div>框里。页面代码变成：

```
<! DOCTYPE html PUBLIC "-//W3C//DTD XHTML 1.0 Transitional//EN"
"http：//www. w3. org/TR/xhtml1/DTD/xhtml1-transitional. dtd" >
<html xmlns = "http：//www. w3. org/1999/xhtml" >
<head>
<meta http-equiv = "Content-Type" content = "text/html; charset = gb2312" />
<title>横向导航条实例一</title>
<style type = "text/css" >
. test ul {
   list-style： none;
}
</style>
</head>
<body>
<div class = "test" >
  <ul>
    <li><a href = "index. htm" >首页</a></li>
    <li><a href = "product. htm" >产品介绍</a></li>
    <li><a href = "service. htm" >服务介绍</a></li>
    <li><a href = "support. htm" >技术支持</a></li>
    <li><a href = "order. htm" >立刻购买</a></li>
    <li><a href = "contact. htm" >联系我们</a></li>
    </ul>
  <div>
</body>
</html>
```

显示效果如图 6.5 所示。

图 6.5　无序列表去除原点显示效果

3. 设置浮动

竖向排列菜单变成横向的关键，是给<li>元素加上一个"float：left；"属性，让每个<li>左浮动紧挨前面一个<li>。

CSS 定义为：

```
<style type="text/css">
. test ul {
   list-style：none；
}
. test li {
   float：left；
}
</style>
```

显示效果如图 6.6 所示。

图 6.6　无序列表左浮动显示效果

4. 调整宽度

现在菜单都挤在一起，需调节<li>的宽度。

在 CSS 中给<li>添加定义"width：100px；"指定<li>的宽度为 100px：

```
<style type="text/css">
.test ul {
  list-style: none;
}
.test li {
  float: left;
  width: 100px;
}
</style>
```

显示效果如图 6.7 所示。

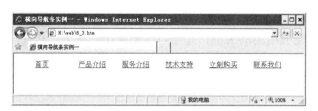

图 6.7   无序列表调整列表项宽度显示效果

如果同时定义外面<div>的宽度，<li>就会根据<div>的宽度自动换行，例如定义<div>宽 350px，6 个<li>的总宽度是 600px，一行排不下就自动变成两行：

```
<style type="text/css">
.test {
  width: 350px;
}
.test ul {
  list-style: none;
}
.test li {
  float: left;
  width: 100px;
}
</style>
```

显示效果如图 6.8 所示。

图 6.8　无序列表调整列表项宽度显示效果

5. 设置基本链接效果

通过 CSS 设置链接的样式，分别定义 a：link、a：visited、a：hover 的状态：

```
<style type="text/css">
.test ul {
    list-style: none;
}
.test li {
    float: left;
    width: 100px;
}
.test a: link {
    color: #666666;
    background: #cccccc;
    text-decoration: none;
}
.test a: visited {
    color: #666666;
    text-decoration: underline;
}
.test a: hover {
    color: #ffffff;
    font-weight: bold;
    text-decoration: underline;
    background: #ff0000;
}
</style>
```

显示效果如图 6.9 所示。

6. 将链接以块级元素显示

现在菜单链接的背景颜色没有填满整个<li>的宽度，在<a>的样式定义中增加"display：block；"，使链接以块级元素显示，同时对细节进行调整：

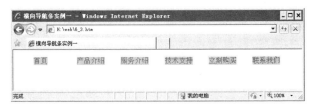

图 6.9　设置链接样式显示效果

①text-align：center，将菜单文字居中。

②height：30px，增加背景的高度。

③margin-left：3px，使每个菜单之间空 3px 距离。

④line-height：30px，定义行高，使链接文字纵向居中。

CSS 定义：

```
<style type="text/css">
.test ul {
  list-style: none;
}

.test li {
  float: left;
  width: 100px;
  background: #cccccc;
  margin-left: 3px;
  line-height: 30px;
}

.test a {
  display: block;
  text-align: center;
  height: 30px;
}

.test a: link {
  color: #666666;
  background: #cccccc;
  text-decoration: none;
}

.test a: visited {
  color: #666666;
  text-decoration: underline;
}
```

```
  .test a: hover {
    color: #ffffff;
    font-weight: bold;
    text-decoration: underline;
    background: #ff0000;
  }
</style>
```

显示效果如图 6.10 所示。

图 6.10　横向菜单初步显示效果

7. 定义背景图像

通常会在每个链接前加一个小图标，这样导航更清楚。CSS 采用定义<li>的背景图像来实现该效果：

```
<style type="text/css">
.test ul {
  list-style: none;
}
.test li {
  float: left;
  width: 100px;
  background: #cccccc;
  margin-left: 3px;
  line-height: 30px;
}
.test a {
  display: block;
  text-align: center;
  height: 30px;
}
.test a: link {
  color: #666666;
```

```
    background：url（arrow_ off. gif）#cccccc no-repeat 5px 12px；
    text-decoration：none；
}
. test a：visited {
    color：#666666；
    text-decoration：underline；
}
. test a：hover {
    color：#ffffff；
    font-weight：bold；
    text-decoration：underline；
    background：url（arrow_ on. gif）#ff0000 no-repeat 5px 12px；
}
</style>
```

"background：url（arrow_ off. gif）#cccccc no-repeat 5px 12px；" 这部分代码是一个 CSS 缩写，表示背景图像是 arrow_ off. gif；背景颜色是#cccccc；背景图像不重复 "no-repeat"，背景图像的位置是左边距 5px、上边距 12px。链接默认状态下图标为 arrow_ off. gif，当鼠标移动到链接上，图标变为 arrow_ on. gif。

显示效果如图 6.11 所示。

图 6.11　横向菜单最终显示效果

8. 网页完整代码

```
<! DOCTYPE html PUBLIC "-//W3C//DTD XHTML 1. 0 Transitional//EN"
" http：//www. w3. org/TR/xhtml1/DTD/xhtml1-transitional. dtd" >
<html xmlns = " http：//www. w3. org/1999/xhtml" >
<head>
<meta http-equiv = " Content-Type" content = " text/html；charset = gb2312" />
<title>横向导航条实例一</title>
<style type = " text/css" >
. test ul {
    list-style：none；
```

```
    }
    .test li {
        float：left；
        width：100px；
        background：#cccccc；
        margin-left：3px；
        line-height：30px；
    }
    .test a {
        display：block；
        text-align：center；
        height：30px；
    }
    .test a：link {
        color：#666666；
        background：url（arrow_ off.gif）#cccccc no-repeat 5px 12px；
        text-decoration：none；
    }
    .test a：visited {
        color：#666666；
        text-decoration：underline；
    }
    .test a：hover {
        color：#ffffff；
        font-weight：bold；
        text-decoration：underline；
        background：url（arrow_ on.gif）#ff0000 no-repeat 5px 12px；
    }
</style>
</head>
<body>
<div class="test">
    <ul>
        <li><a href="index.htm">首页</a></li>
        <li><a href="product.htm">产品介绍</a></li>
        <li><a href="service.htm">服务介绍</a></li>
        <li><a href="support.htm">技术支持</a></li>
        <li><a href="order.htm">立刻购买</a></li>
```

```
    <li><a href="contact. htm">联系我们</a></li>
    </ul>
  <div>
 </body>
 </html>
```

6.3.4 导航条实例二

1. HTML 代码

```
<! DOCTYPE html PUBLIC "-//W3C//DTD XHTML 1.0 Transitional//EN"
"http: //www. w3. org/TR/xhtml1/DTD/xhtml1-transitional. dtd">
<html xmlns="http: //www. w3. org/1999/xhtml">
<head>
<meta http-equiv="Content-Type" content="text/html; charset=gb2312" />
<title>横向导航条实例二</title>
<style type="text/css">
body {
  margin: 0 auto;
  text-align: center;
}
#container {
  margin: 0 auto; /* 居中对齐 */
  text-aligh: center;
}
#menu {
  margin: 0 auto; /* 居中对齐 */
  width: 650px;
}
#menu li {
  display: inline;
}
#menu li a {
  font-family: Arial;
  font-size: 11px;
  text-align: center;
  text-decoration: none;
  display: block;
  float: left;
```

```
    width：60px；
    padding：10px；
    background-color：#2175bc；
    color：#ffffff；
}
#menu li a：hover {
    background-color：#2586d7；
    margin-top：3px；
    border-bottom：2px ridge #ff0000；
}
</style>
</head>
<body>
<div id="container">
  <ul id="menu">
    <li><a href="index. htm">Home</a></li>
    <li><a href="about. htm">About</a></li>
    <li><a href="service. htm">Services</a></li>
    <li><a href="client. htm">Clients</a></li>
    <li><a href="product. htm">Products</a></li>
    <li><a href="faq. htm">F. A. Q</a></li>
    <li><a href="help. htm">Help</a></li>
    <li><a href="contact. htm">Contact Us</a></li>
  </ul>
</div>
</body>
</html>
```

2. 代码说明

在<body>部分，定义一个层<div id="container">，内有无序列表<ul id="menu">，列表内有 8 个列表项，组成菜单。

在<head>部分<style type="text/css">定义各类样式：

①<body>和<div id="container">，设置居中对齐样式。

②<ul id="menu">，设置居中对齐，菜单项宽度为 650 像素。

③display：inline，将<li></li>列表项目显示为行内元素。

④float：left，将所有列表项目左浮动显示在同一行。

⑤对各列表项目设置超级链接默认状态和鼠标停留状态的显示样式。

显示效果如图 6.12 所示。

图 6.12　导航条实例二显示效果

6.3.5　导航条实例三

1. HTML 代码

```
<! DOCTYPE html PUBLIC "-//W3C//DTD XHTML 1.0 Transitional//EN"
"http：//www. w3. org/TR/xhtml1/DTD/xhtml1-transitional. dtd">
<html xmlns="http：//www. w3. org/1999/xhtml">
<head>
<meta http-equiv="Content-Type" content="text/html；charset=gb2312" />
<title>竖向导航条实例</title>
<style type="text/css" >
body {
    margin：0 auto；
}
#main {
    margin：0 auto；
    width：300px；
}
#menu {
    list-style：none；
    margin：0；
    padding：0；
}
#menu li {
    width：100px；
    height：30px；
}
#menu li a {
    font-family：Arial；
```

```
        font-size：11px；
        text-decoration：none；
        padding：10px；
        background-color：#2175bc；
        border-top：1px solid #00ff00；
        color：#ffffff；
        display：block；
    }
    #menu li a：hover {
        background-color：#666666；
        border-top：2px solid #ff0000；
    }
    </style>
    </head>
    <body>
    <div id="main">
        <ul id="menu">
            <li><a href="#">Home</a></li>
            <li><a href="#">About</a></li>
            <li><a href="#">Services</a></li>
            <li><a href="#">Clients</a></li>
            <li><a href="#">Products</a></li>
            <li><a href="#">F. A. Q</a></li>
            <li><a href="#">Help</a></li>
            <li><a href="#">Contact Us</a></li>
            <li><a href="#">Link</a></li>
        </ul>
    </div>
    </body>
    </html>
```

2. 代码说明

在<body>部分定义层<div id="main">，内有无序列表<ul id="menu">，无序列表包含 7 个列表项，组成菜单。

在<head>部分的<style type="text/css">区域内定义各类样式：

①设置<body>和<div id="main">宽度为 300 像素，居中对齐。

②<ul id="menu">不显示列表项小圆点，外边距 margin 和内边距 padding 均为 0px。

③每个列表项<li>宽度为 100 像素，高度为 30 像素。

④ "#menu li a" 和 "#menu li a：hover" 分别定义列表项超级链接和鼠标停留时的 CSS 显示样式。

显示效果如图 6.13 所示。

图 6.13　导航条实例三显示效果

6.4　实践练习

6.4.1　实例练习

将本章实例部分所有实例代码练习一遍，并对代码进行修改，对比显示效果。

6.4.2　综合练习

针对之前写的个人简历进行布局，设置顶部为标题，中部左侧为导航链接区，中部右侧为正文区，底部为联系说明信息区。

第 7 章　网页布局

7.1　学习目的与基本要求

1. 掌握 CSS 定位方法。
2. 掌握 DIV+CSS 布局方法。

7.2　理论知识

7.2.1　CSS 定位原理

1. CSS 定位机制

CSS 有三种基本的定位机制：普通流、浮动和绝对定位。

（1）普通流

普通流中元素框的位置由元素在 XHTML 中的位置决定。块级元素从上到下依次排列，框之间的垂直距离由框的上、下 margin 值计算得到。行内元素在一行中水平布置。

（2）浮动

浮动的框脱离普通流，可以左右移动，直到外边框边缘碰到包含框或另一个浮动框的边缘。如果包含框太窄，无法容纳水平排列的浮动元素，那么其他浮动块向下移动，直到有足够多的空间。如果浮动元素的高度不同，那么当它们向下移动时可能会被其他浮动元素卡住。

（3）绝对定位

绝对定位的框脱离普通流，所以它可以覆盖页面上的其他元素，可以通过设置 Z-index 属性来控制这些框的堆放次序。

相对于已定位的最近的父元素，如果没有已定位的最近的父元素，那么它的位置就相对于最初的包含块。绝对定位的框可以从它的包含块向上、下、左、右移动。

2. CSS position 属性

使用 position 属性，可以选择四种不同类型的定位。

position：static ｜　absolute ｜　fixed ｜　relative

position 属性值含义：

①static，元素框正常生成。块级元素生成一个矩形框，作为文档流的一部分，行内元素则会创建一个或多个行框，置于其父元素中。

②relative，元素框偏移某个距离。元素仍保持其未定位前的形状，原本所占的空间仍保留。

③absolute，元素框从文档流完全删除，并相对于其包含块定位。包含块可能是文档中的另一个元素或者是初始包含块。元素原先在正常文档流中所占的空间会关闭，就好像元素原来不存在一样。元素定位后生成一个块级框，而不论原来其在正常流中生成何种类型的框。

④fixed，元素框的表现类似于将 position 设置为 absolute，不过其包含框是浏览器窗口。

注意：相对定位实际上被看成是普通流定位模型的一部分，因为元素的位置相对于其在普通流中的位置。

7.2.2　CSS 定位方法

1. CSS 相对定位

当容器的 position 属性值为 relative 时，这个容器即被相对定位。相对定位和其他定位相似，也是独立出来浮在上面。不过相对定位容器的 top（顶部）、bottom（底部）、left（左边）和 right（右边）属性，参照对象是其父容器的 4 条边，而不是浏览器窗口，并且相对定位的容器浮上来后，其所占的位置仍然留有空位，后面的无定位容器仍然不会"挤"上来。

注意：在使用相对定位时，无论是否进行移动，元素仍然占据原来的空间。因此，移动元素会导致覆盖其他框。

（1）HTML 代码

```
<! DOCTYPE html PUBLIC "-//W3C//DTD XHTML 1.0 Transitional//EN"
"http：//www. w3. org/TR/xhtml1/DTD/xhtml1-transitional. dtd">
<html xmlns="http：//www. w3. org/1999/xhtml">
<head>
<meta http-equiv="Content-Type" content="text/html; charset=gb2312" />
<title>相对定位</title>
<style type="text/css">
#div0 {
    margin：0 auto;
    width：400px;
    height：300px;
    border-style：solid;
    border-width：1px;
}
#div1 {
```

```
    width：50px；
    height：50px；
    border-style：solid；
    border-width：1px；
}
#div2 {
    width：50px；
    height：50px；
    border-style：solid；
    border-width：1px；
}
</style>
</head>
<body>
<div id="div0">
    <div id="div1">层 1</div>
    <div id="div2">层 2</div>
</div>
</body>
```

（2）代码说明

定义三个层<div>，<div id="div0">为父容器，宽 400 像素，高 300 像素，居中显示，内有<div id="div1">和<div id="div2">两个层，宽度和高度均为 50 像素。

显示效果如图 7.1 所示。

图 7.1　默认显示效果

（3）设置相对定位

给<div id="div1">设置相对定位，左距 150 像素，上距 50 像素：

```
#div1 {
    width：50px；
    height：50px；
    border-style：dotted；
    border-width：1px；
    position：relative；
    left：150px；
    top：50px；
}
```

给<div id="div2">设置相对定位，左距 100 像素，上距 150 像素：

```
#div2 {
    width：50px；
    height：50px；
    border-style：dotted；
    border-width：1px；
    position：relative；
    left：100px；
    top：150px；
}
```

<div id="div1">在设置相对定位前，距父元素<div id="div0">左边距 0 像素，上边距 0 像素，设置相对浮动左 150 像素，上 50 像素后，距父元素<div id="div0">左边距 150 像素，上边距 50 像素。

<div id="div2">在设置相对定位前，距父元素<div id="div0">左边距 0 像素，上边距 50 像素，设置相对浮动左 100 像素，上 150 像素后，距父元素<div id="div0">左边距 100 像素，上边距 200 像素。

相对定位图层显示位置对比图见图 7.2 所示，实线边框层 1 和层 2 为原始显示位置，虚线边框层 1 和层 2 为设置相对定位后的显示位置。

2. CSS 绝对定位

绝对定位使元素的位置与文档流无关，因此不占据空间，普通流中其他元素的布局就像绝对定位的元素不存在一样。

绝对定位的元素的位置相对于最近的已定位父元素，如果元素没有已定位的父元素，那么他的位置相对于最初的包含块。

注意：

①相对定位是相对于元素在文档中的初始位置，而绝对定位是相对于最近的已定位父元素，如果不存在已定位的父元素，那么相对于最初的包含块。

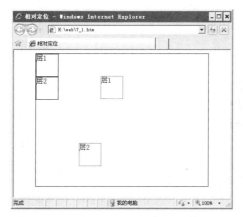

图 7.2 相对定位显示位置对比图

②因为绝对定位的框与文档流无关，所以可以覆盖页面上的其他元素。可以通过设置 z-index 属性来控制这些框的堆放次序。

（1）HTML 代码

```
<! DOCTYPE html PUBLIC "-//W3C//DTD XHTML 1.0 Transitional//EN"
"http：//www. w3. org/TR/xhtml1/DTD/xhtml1-transitional. dtd">
<html xmlns="http：//www. w3. org/1999/xhtml">
<head>
<meta http-equiv="Content-Type" content="text/html；charset=gb2312" />
<title>绝对定位</title>
<style type="text/css">
#div0 {
  margin：0 auto；
  width：400px；
  height：300px；
  border-style：solid；
  border-width：1px；
}
#div1 {
  width：50px；
  height：50px；
  border-style：solid；
  border-width：1px；
  position：absolute；
  left：150px；
  top：50px；
}
```

```
#div2 {
    width: 50px;
    height: 50px;
    border-style: solid;
    border-width: 1px;
    position: absolute;
    left: 100px;
    top: 150px;
}
</style>
</head>
<body>
<div id="div0">
    <div id="div1">层 1</div>
    <div id="div2">层 2</div>
</div>
</body>
```

（2）代码说明

定义三个层<div>，<div id="div0">为父元素，宽 400 像素，高 300 像素，居中显示，内有<div id="div1">和<div id="div2">两个层，宽度和高度均为 50 像素，绝对定位。

因<div id="div0">上下外边距为 0，左右外边距自动，<div id="div0">会随着浏览器窗口大小自动调整为居中显示，距离浏览器左边距无法确定，因此<div id="div1">和<div id="div2">相对<body>定位，<div id="div1">距<body>左边 150 像素，上边 50 像素；<div id="div2">距<body>左边 100 像素，上边 150 像素。

显示效果如图 7.3 所示。

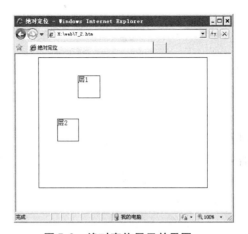

图 7.3　绝对定位显示效果图一

（3）设置父元素定位

若给<div id＝"div1">和<div id＝"div2">两个层的父元素<div id＝"div0">进行定位：

```
#div0 {
    width: 400px;
    height: 300px;
    border-style: solid;
    border-width: 1px;
    position: absolute;
    left: 150px;
    top: 50px;
}
```

则<div id＝"div1">和<div id＝"div2">相对<div id＝"div0">定位，<div id＝"div1">距<div id＝"div0">左边 150 像素，上边 50 像素；<div id＝"div2">距<div id＝"div0">左边 100 像素，上边 150 像素。

显示效果如图 7.4 所示。

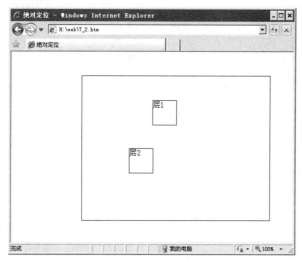

图 7.4　绝对定位显示效果图二

3. CSS 浮动定位

在 CSS 中，通过 float 属性实现元素的浮动，可定义元素的浮动方向。以往这个属性一般应用于图像，使文本围绕在图像周围，在 CSS 中，任何元素都可以浮动。浮动元素会生成一个块级框，浮动的框可以向左或向右移动，直到外边缘碰到包含框或另一个浮动框的边框为止。由于浮动框不在文档的普通流中，所以文档的普通流中的块框表现得就像浮动框不存在一样。

（1）HTML 代码

```
<! DOCTYPE html PUBLIC "-//W3C//DTD XHTML 1.0 Transitional//EN"
"http：//www.w3.org/TR/xhtml1/DTD/xhtml1-transitional.dtd">
<html xmlns="http：//www.w3.org/1999/xhtml">
<head>
<meta http-equiv="Content-Type" content="text/html; charset=gb2312" />
<title>浮动定位</title>
<style type="text/css">
#div0 {
    margin：0 auto;
    width：400px;
    height：400px;
    border-style：solid;
    border-width：1px;
}
#div1 {
    width：80px;
    height：80px;
    border-style：solid;
    border-width：1px;
}
#div2 {
    width：80px;
    height：80px;
    border-style：solid;
    border-width：1px;
}
#div3 {
    width：80px;
    height：80px;
    border-style：solid;
    border-width：1px;
}
#div4 {
    width：80px;
    height：80px;
    border-style：solid;
    border-width：1px;
```

```
    }
    </style>
    </head>
    <body>
    <div id="div0">
      <div id="div1">层 1</div>
      <div id="div2">层 2</div>
      <div id="div3">层 3</div>
      <div id="div4">层 4</div>
    </div>
    </div>
    </body>
```

（2）代码说明

定义 5 个层，<div id="div0">为父元素，内有<div id="div1">、<div id="div2">、<div id="div3">、<div id="div4">4 个层。

默认定位效果如图 7.5 所示。

图 7.5　图层不浮动默认定位显示效果图

（3）设置右浮动

修改各<div>的 CSS 样式为：

```
#div0 {
    margin: 0 auto;
    width: 400px;
    height: 400px;
    border-style: solid;
    border-width: 1px;
```

```
    }
    #div1 {
        width: 80px;
        height: 80px;
        border-style: solid;
        border-width: 1px;
    }
    #div2 {
        width: 80px;
        height: 80px;
        border-style: solid;
        border-width: 1px;
    }
    #div3 {
        width: 80px;
        height: 80px;
        border-style: solid;
        border-width: 1px;
        float: right;
    }
    #div4 {
        width: 80px;
        height: 80px;
        border-style: solid;
        border-width: 1px;
    }
```

<div id="div3">设置向右浮动时，脱离文档流并且向右移动，直到该浮动框的右边缘碰到包含框<div id="div0">的右边缘，<div id="div4">将上移，就像<div id="div3">不存在一样。

显示效果如图 7.6 所示。

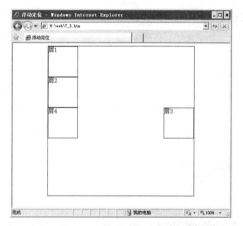

图 7.6　图层右浮动显示效果图

（4）设置左浮动

修改<div id="div3">的 CSS 样式为：

```
#div0 {
    margin: 0 auto;
    width: 400px;
    height: 400px;
    border-style: solid;
    border-width: 1px;
}
#div1 {
    width: 80px;
    height: 80px;
    border-style: solid;
    border-width: 1px;
}
#div2 {
    width: 80px;
    height: 80px;
    border-style: solid;
    border-width: 1px;
}
#div3 {
    width: 80px;
    height: 80px;
    border-style: solid;
```

```
      border-width： 1px；
      float： left；
   }
#div4 {
      width： 80px；
      height： 80px；
      border-style： solid；
      border-width： 1px；
   }
```

<div id="div3">设置向左浮动时，脱离文档流并且向左移动，直到该浮动框的左边缘碰到包含框<div id="div0">的左边缘，<div id="div4">将上移，就像<div id="div3">不存在一样。因为<div id="div3">不再处于文档流中，所以不占据空间，实际上覆盖住<div id="div4">，使<div id="div4">从视图中消失。

显示效果如图 7.7 所示。

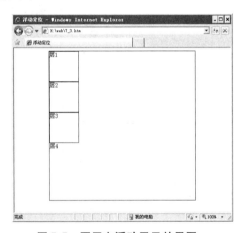

图 7.7 图层左浮动显示效果图一

如果把<div id="div2">、<div id="div3">、<div id="div4">3 个层都向左移动：

```
#div0 {
      margin： 0 auto；
      width： 400px；
      height： 400px；
      border-style： solid；
      border-width： 1px；
   }
#div1 {
      width： 80px；
```

```
   height：80px；
   border-style：solid；
   border-width：1px；
}
#div2 {
   width：80px；
   height：80px；
   border-style：solid；
   border-width：1px；
   float：left；
}
#div3 {
   width：80px；
   height：80px；
   border-style：solid；
   border-width：1px；
   float：left；
}
#div4 {
   width：80px；
   height：80px；
   border-style：solid；
   border-width：1px；
   float：left；
}
```

那么<div id="div2">向左浮动直到碰到包含框<div id="div0">，另外两个框向左浮动直到碰到前一个浮动框。

显示效果如图 7.8 所示。

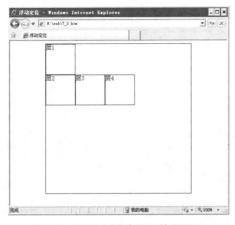

图 7.8　图层左浮动显示效果图二

如果包含框<div id="div0">太窄：

```
#div0 {
    margin: 0 auto;
    width: 200px;
    height: 400px;
    border-style: solid;
    border-width: 1px;
}
#div1 {
    width: 80px;
    height: 80px;
    border-style: solid;
    border-width: 1px;
}
#div2 {
    width: 80px;
    height: 80px;
    border-style: solid;
    border-width: 1px;
    float: left;
}
#div3 {
    width: 80px;
    height: 80px;
    border-style: solid;
    border-width: 1px;
    float: left;
}
#div4 {
    width: 80px;
    height: 80px;
    border-style: solid;
    border-width: 1px;
    float: left;
}
```

如果无法容纳水平排列的三个浮动元素，那么其他浮动块向下移动，直到有足够的空间。

显示效果如图7.9所示。

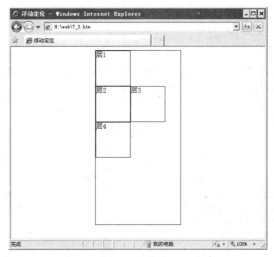

图7.9 图层左浮动显示效果图三

（5）清理浮动

clear 属性是用来清除相邻元素的浮动属性，在清除浮动属性 clear 时，可以使用 4
种属性值，分别为 none、left、right 和 both：

```
clear：none | left | right | both；
```

①none，不清除浮动属性。
②left，清除元素的左侧浮动属性。
③right，清除元素的右侧浮动属性。
④both，清除元素的两侧浮动属性。

图7.9中，设置<div id="div3">左侧不允许其他浮动元素：

```
#div0 {
    margin：0 auto；
    width：200px；
    height：400px；
    border-style：solid；
    border-width：1px；
}
#div1 {
    width：80px；
    height：80px；
    border-style：solid；
    border-width：1px；
```

```
    }
    #div2 {
      width：80px；
      height：80px；
      border-style：solid；
      border-width：1px；
      float：left；
    }
    #div3 {
      width：80px；
      height：80px；
      border-style：solid；
      border-width：1px；
      float：left；
      clear：left；
    }
    #div4 {
      width：80px；
      height：80px；
      border-style：solid；
      border-width：1px；
      float：left；
    }
```

则<div id="div3">左侧没有浮动元素，会单独在一行左侧显示。
显示效果如图 7.10 所示。

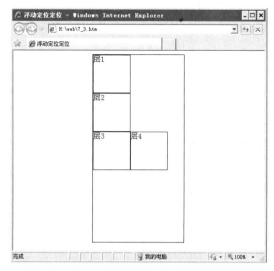

图 7.10　图层左浮动显示效果图四

7.3　实例内容

7.3.1　相对定位实例

1. HTML 代码

```
<! DOCTYPE html PUBLIC "-//W3C//DTD XHTML 1.0 Transitional//EN"
"http：//www. w3. org/TR/xhtml1/DTD/xhtml1-transitional. dtd">
<html xmlns="http：//www. w3. org/1999/xhtml">
<head>
<meta http-equiv="Content-Type" content="text/html; charset=gb2312" />
<title>相对定位</title>
<style type="text/css">
h2. pos_ left {
    position：relative;
    left：-20px;
}
h2. pos_ right {
    position：relative;
    left：20px;
}
</style>
</head>
<body>
<h2>这是位于正常位置的标题</h2>
<h2 class="pos_ left">这个标题相对于其正常位置向左移动</h2>
<h2 class="pos_ right">这个标题相对于其正常位置向右移动</h2>
</body>
```

2. 代码说明

相对定位会按照元素的原始位置对该元素进行移动。

样式"left：-20px"，从元素的原始左侧位置减去 20 像素。

样式"left：20px"，向元素的原始左侧位置增加 20 像素。

CSS 相对定位显示效果如图 7.11 所示。

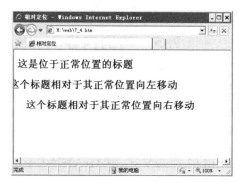

图 7.11 相对定位显示效果

7.3.2 绝对定位实例

1. HTML 代码

```
<! DOCTYPE html PUBLIC "-//W3C//DTD XHTML 1.0 Transitional//EN"
"http：//www.w3.org/TR/xhtml1/DTD/xhtml1-transitional.dtd">
<html xmlns="http：//www.w3.org/1999/xhtml">
<head>
<meta http-equiv="Content-Type" content="text/html; charset=gb2312" />
<title>绝对定位</title>
<style type="text/css">
body {
    margin：0 auto;
}
#layer1 {
    position：absolute;
    left：100px;
    top：150px;
    width：200px;
    height：100px;
    border-style：solid;
    border-width：1px;
}
#layer2 {
    position：absolute;
    left：350px;
    top：60px;
    width：100px;
    height：120px;
```

```
    border-style：solid；
    border-width：1px；
}
</style>
</head>
<body>
<div id="layer1">绝对定位层 1</div>
<div id="layer2">绝对定位层 2</div>
</body>
<html>
```

2. 代码说明

定义了两个层<div id="layer1">和<div id="layer2">，均采用绝对定位方式。
<div id="layer1">距父元素<body>左边框距离 100 像素，上边框距离 150 像素。
<div id="layer2">距父元素<body>左边框距离 350 像素，上边框距离 60 像素。
CSS 绝对定位显示效果如图 7.12 所示。

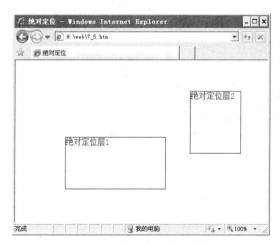

图 7.12　绝对定位显示效果

7.3.3　浮动定位实例

1. HTML 代码

```
<! DOCTYPE html PUBLIC "-//W3C//DTD XHTML 1.0 Transitional//EN"
"http：//www. w3. org/TR/xhtml1/DTD/xhtml1-transitional. dtd">
<html xmlns="http：//www. w3. org/1999/xhtml">
<head>
<meta http-equiv="Content-Type" content="text/html；charset=gb2312" />
```

```
<title>浮动定位实例</title>
<style type="text/css">
body {
    margin: 0 auto;
}
#layer1 {
    width: 500px;
    height: 400px;
    border-style: solid;
    border-width: 1px;
    position: absolute;
}
#layer2 {
    width: 200px;
    height: 100px;
    float: left;
    border-style: solid;
    border-width: 1px;
}
#layer3 {
    width: 200px;
    height: 100px;
    float: right;
    border-style: solid;
    border-width: 1px;
    clear: both;
}
#layer4 {
    width: 200px;
    height: 100px;
    border-style: solid;
    border-width: 1px;
    clear: both;
}
#layer5 {
    width: 300px;
    height: 100px;
    margin: 0 auto;
```

```
    border-style：solid；
    border-width：1px；
    clear：both；
}
</style>
</head>
<body>
<div id="layer1">
    <div id="layer2">层 2</div>
    <div id="layer3">层 3</div>
    <div id="layer4">层 4</div>
</div>
<div id="layer5">层 5</div>
</body>
</html>
```

2. 代码说明

首先是文档类型说明，便于浏览器理解 HTML 版本。

定义<div id="layer1">~<div id="layer5">，共 5 个 div，其中<div id="layer1">内嵌套有<div id="layer2">、<div id="layer3">、<div id="layer4">。

①<div id="layer1">，在默认状态下居左显示。

②<div id="layer2">，左浮动。

③<div id="layer3">，清除浮动设置后，右浮动。

④<div id="layer4">，清除浮动设置后，默认左浮动。

⑤<div id="layer5">，清除浮动设置后，居中对齐。

显示效果如图 7.13 所示。

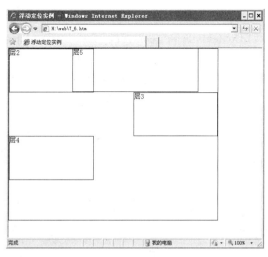

图 7.13　浮动定位显示效果

7.3.4　DIV+CSS 综合布局实例

在 Web 标准网页设计中，DIV 的重要性等同于传统网页设计的表格，是网页所有内容存放的容器，甚至将 Web 标准误解为 DIV+CSS，DIV 重要性可见一斑。

1. 页面布局构思（如图 7.14 所示）

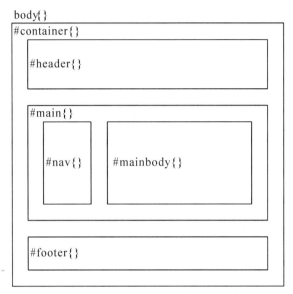

图 7.14　布局构思图

2. HTML 代码

```
<! DOCTYPE html PUBLIC "-//W3C//DTD XHTML 1.0 Transitional//EN"
"http：//www. w3. org/TR/xhtml1/DTD/xhtml1-transitional. dtd">
<html xmlns="http：//www. w3. org/1999/xhtml">
<head>
<meta http-equiv="Content-Type" content="text/html；charset=gb2312" />
<title></title>
<link href="7_ 7. css" rel="stylesheet" type="text/css" />
</head>
<body>
<div id="container">
  <div id="header">头部区域
  </div>
  <div id="main">
    <div id="nav">左侧导航区
    </div>
    <div id="mainbody">右侧正文区
```

```
      </div>
    </div>
    <div id="footer">底部区域
    </div>
  </div>
  </body>
  </html>
```

代码说明：

```
|body｛｝/*网页内容区*/
└#container｛｝/*页面层容器*/
    ├#header｛｝/*页面头部*/
    ├#main｛｝/*页面主体*/
    |  ├#nav｛｝/*侧边栏*/
    |  └#mainbody｛｝/*主体内容*/
    └#footer｛｝/*页面底部*/
```

3. CSS 代码

```
body｛
    font-size：12px；
    font-family：Tahoma；
    margin：0px 0px 0px 0px；
    text-align：center；
    background：#ffffff；
｝
/*页面层容器*/
#container｛
    width：100%；
｝
/*页面头部*/
#header｛
    width：800px；
    margin：0 auto；
    height：100px；
    background：#ff0000；
｝
/*页面主体*/
#main｛
```

```
        width：800px；
        margin：0 auto；
        height：400px；
        background：#00ff00；
    }
    /*侧边栏*/
    #nav｛
        width：160px；
        text-align：left；
        float：left；
        clear：left；
        overflow：hidden；
        background：#ffff00；
    }
    /*主体内容*/
    #mainbody｛
        width：570px；
        height：300px；
        text-align：left；
        float：right；
        clear：right；
        overflow：hidden；
        background：#0000ff；
    }
    /*页面底部*/
    #footer｛
        width：800px；
        margin：0 auto；
        height：50px；
        background：#0000ff；
    }
```

4. 代码说明

<body>，字号 12 像素，字体 Tahoma，上、右、下、左外边距为 0 像素，文字居中对齐，背景颜色为白色。

<div id="container">，宽度为<body>宽度的 100%。

<div id="header">，宽度 800 像素，上、下外边距为 0 像素，左、右外边距自动（居中对齐），高度为 100 像素，背景颜色为红色。

　　<div id="main">，宽度 800 像素，高度 400 像素，上、下外边距为 0 像素，左、右外边距自动（居中对齐），背景颜色为绿色。

　　<div id="nav">，宽度为 160 像素，文字左对齐，层左浮动，超出大小隐藏，背景颜色为黄色。

　　<div id="mainbody">，宽度 570 像素，高度 300 像素，文字左对齐，层右浮动，超出大小隐藏，背景颜色为蓝色。

　　<div id="footer">，宽度 800 像素，上、下外边距为 0 像素，左、右外边距自动（居中对齐），高度 50 像素，背景颜色为蓝色。

　　页面显示效果如图 7.15 所示。

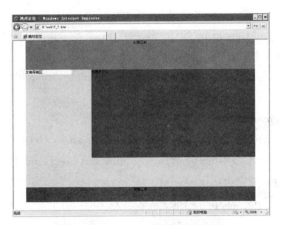

图 7.15　DIV+CSS 布局显示效果

7.3.5　禅意花园布局实例

　　禅意花园网站是符合 Web 标准设计的典范，针对同一个 HTML 文件，世界各地网页设计人员编写提交大量优秀 CSS 文件，形成了风格迥异，效果精美的页面效果。

　　地址：http：//www.csszengarden.com/。

　　禅意花园首页显示效果如图 4.11 所示。

　　1. HTML 核心代码

```
<! DOCTYPE html PUBLIC "-//W3C//DTD XHTML 1.0 Strict//EN"
"http：//www.w3.org/TR/xhtml1/DTD/xhtml1-strict.dtd">
<html xmlns="http：//www.w3.org/1999/xhtml" xml：lang="en">
<head>
<title>css Zen Garden：The Beauty in CSS Design</title>
<script type="text/javascript"></script>
<style type="text/css" media="all">
@ import "sample.css";
</style>
```

```
  </head>
  <body>
  <div id="container">
    <div id="intro">
      <div id="pageHeader">
        <h1><span>css Zen Garden</span></h1>
        <h2><span>The Beauty of CSS Design</span></h2>
      </div>
      <div id="quickSummary">
        <p class="p1"><span>A demonstration of what can be accomplished visually
through <acronym title="Cascading Style Sheets">CSS</acronym>-based design. Select
any style sheet from the list to load it into this page. </span></p>
        <p class="p2"><span>Download the sample... </span></p>
      </div>
      <div id="preamble">
        <h3><span>The Road to Enlightenment</span></h3>
        <p class="p1"><span>Littering a dark and dreary road ... </span></p>
        <p class="p2"><span>Today, we must clear... </span></p>
        <p class="p3"><span>The css Zen Garden invites... </span></p>
      </div>
    </div>
    <div id="supportingText">
      <div id="explanation">
        <h3><span>So What is This About? </span></h3>
        <p class="p1"><span>There is clearly... </span></p>
        <p class="p2"><span><acronym title="Cascading Style Sheets">CSS</acro-
nym> allows complete ... </span></p>
      </div>
      <div id="participation">
        <h3><span>Participation</span></h3>
        <p class="p1"><span>Graphic artists only please. ... </span></p>
        <p class="p2"><span>You may modify ... </span></p>
        <p class="p3"><span>Download the sample ... </span></p>
      </div>
      <div id="benefits">
        <h3><span>Benefits</span></h3>
        <p class="p1"><span>Why participate? For recognition, ... </span></p>
      </div>
```

```
<div id="requirements">
  <h3><span>Requirements</span></h3>
  <p class="p1"><span>We would like to see...</span></p>
  <p class="p2"><span>Unfortunately,...</span></p>
  <p class="p3"><span>We ask that ...</span></p>
  <p class="p4"><span>This is ...</span></p>
  <p class="p5"><span>Bandwidth graciously..</span></p>
</div>
<div id="footer">
  <a href="#">xhtml</a>  
  <a href="#">css</a>  
  <a href="#">cc</a>  
  <a href="#">508</a>  
  <a href="#">aaa</a>
</div>
</div>
<div id="linkList">
  <div id="linkList2">
    <div id="lselect">
      <h3 class="select"><span>Select a Design：</span></h3>
      <ul>
        <li><a href="/">Sample #1</a></li>
        <li><a href="/">Sample #2</a></li>
        <li><a href="/">Sample #3</a> </li>
      </ul>
    </div>
    <div id="larchives">
      <h3 class="archives"><span>Archives：</span></h3>
      <ul>
        <li>next designs</li>
        <li>previous designs</li>
        <li>View All Designs</li>
      </ul>
    </div>
    <div id="lresources">
      <h3 class="resources"><span>Resources：</span></h3>
      <ul>
        <li>CSS</li>
```

```
            <li>Resources</li>
            <li>FAQ</li>
            <li>Submit a Design</li>
            <li>Translations</li>
          </ul>
        </div>
      </div>
    </div>
  </div>
  <div id="extraDiv1"><span></span></div><div id="extraDiv2"><span></span>
</div><div id="extraDiv3"><span></span></div>
    <div id="extraDiv4"><span></span></div><div id="extraDiv5"><span></span>
</div><div id="extraDiv6"><span></span></div>
  </body>
</html>
```

2. CSS 核心代码

```css
html {
    margin: 0;
    padding: 0;
}
body {
    font: 75% georgia, sans-serif;
    line-height: 1.88889;
    color: #555753;
    background: #ffffff url (blossoms.jpg) no-repeat bottom right;
    margin: 0;
    padding: 0;
}
p {
    margin-top: 0;
    text-align: justify;
}
h3 {
    font: italic normal 1.4em georgia, sans-serif;
    letter-spacing: 1px;
    margin-bottom: 0;
    color: #7d775c;
```

```
}
a: link {
    font-weight: bold;
    text-decoration: none;
    color: #b7a5df;
}
a: visited {
    font-weight: bold;
    text-decoration: none;
    color: #d4cddc;
}
a: hover, a: active {
    text-decoration: underline;
    color: #9685ba;
}
acronym {
    border-bottom: none;
}
/* specific divs */
#container {
    background: url (zen-bg. jpg) no-repeat top left;
    padding: 0 175px 0 110px;
    margin: 0;
    position: relative;
}
#intro {
    min-width: 470px;
}
#pageHeader h1 {
    background: transparent url (h1. gif) no-repeat top left;
    margin-top: 10px;
    width: 219px;
    height: 87px;
    float: left;
}
#pageHeader h1 span {
    display: none
}
```

```
#pageHeader h2 {
  background: transparent url (h2. gif) no-repeat top left;
  margin-top: 58px;
  margin-bottom: 40px;
  width: 200px;
  height: 18px;
  float: right;
}
#pageHeader h2 span {
  display: none
}
#pageHeader {
  padding-top: 20px;
}
#quickSummary {
  clear: both;
  margin: 20px 20px 20px 10px;
  width: 160px;
  float: left;
}
#quickSummary p {
  font: italic 10pt/22pt georgia;
  text-align: center;
}
#preamble {
  clear: right;
  padding: 0px 10px 0 10px;
}
#supportingText {
  padding-left: 10px;
  margin-bottom: 40px;
}
#footer {
  text-align: center;
}
#footer a: link, #footer a: visited {
  margin-right: 20px;
}
```

```
#linkList {
    margin-left: 600px;
    position: absolute;
    top: 0;
    right: 0;
}
#linkList2 {
    font: 10px verdana, sans-serif;
    background: transparent url (paper-bg. jpg) top left repeat-y;
    padding: 10px;
    margin-top: 150px;
    width: 130px;
}
#linkList h3. select {
    background: transparent url (h3. gif) no-repeat top left;
    margin: 10px 0 5px 0;
    width: 97px;
    height: 16px;
}
#linkList h3. select span {
    display: none
}
#linkList h3. favorites {
    background: transparent url (h4. gif) no-repeat top left;
    margin: 25px 0 5px 0;
    width: 60px;
    height: 18px;
}
#linkList h3. archives {
    background: transparent url (h5. gif) no-repeat top left;
    margin: 25px 0 5px 0;
    width: 57px;
    height: 14px;
}
#linkList h3. archives span {
    display: none
}
#linkList h3. resources {
```

```
    background: transparent url (h6.gif) no-repeat top left;
    margin: 25px 0 5px 0;
    width: 63px;
    height: 10px;
}
#linkList h3.resources span {
    display: none
}
#linkList ul {
    margin: 0;
    padding: 0;
}
#linkList li {
    line-height: 2.5ex;
    background: transparent url (cr1.gif) no-repeat top center;
    display: block;
    padding-top: 5px;
    margin-bottom: 5px;
    list-style-type: none;
}
#linkList li a: link {
    color: #988f5e;
}
#linkList li a: visited {
    color: #b3ae94;
}
#extraDiv1 {
    background: transparent url (cr2.gif) top left no-repeat;
    position: absolute;
    top: 40px;
    right: 0;
    width: 148px;
    height: 110px;
}
```

7.4 实践练习

7.4.1 实例练习

将本章实例部分所有实例代码练习一遍，并对代码进行修改，对比显示效果。

7.4.2 综合练习

1. 设计内容

自拟主题，建立一个主题明确、内容完整的网站。重点是首页面，总页面数 10～20 个，相互链接在一起，便于浏览。

2. 评分标准

①内容质量（20 分）：主题鲜明，具有实用性，清晰表达设计意图。

②网站结构（15 分）：文件命名和存放规范，链接正确，结构清楚合理，便于浏览查找。

③视觉感受（20 分）：色彩搭配协调，页面美观，具有艺术品位。

④技术运用（30 分）：考核代码规范性，导航效果，实用性，动态效果，综合应用所学各类技术。

⑤网页创意（15 分）：设计风格独特，创意新颖。

第四篇　规范篇

第 8 章　Web 标准网页设计规范

8.1　目录与文件命名规范

8.1.1　目录命名规范

1. 目录命名原则

（1）以最少的层次提供最清晰简便的访问结构，并能够使所有项目参与者清晰理解和记忆每一个文件目录的意义，可以更方便地进行查找、修改、移植等管理操作，提高工作效率。

（2）文件目录名称统一用小写的英文单词或拼音，长度不超过 20 个字符。如果需要加数字和下划线以区分页面文件，可以在单词或拼音后面添加数字和下划线，但是禁止用数字开头、禁止用中文字符、禁止用特殊字符作为文件目录的名称。

（3）文件目录名称的命名要与所定义的内容语义接近，字母要小写，需要两个以上单词表达时，用下划线 "_" 分开两个单词，最多不要超过三个单词，如果单词过长，取其前三个字母。

（4）根目录一般只存放 index.htm 以及其他必需的系统文件中，每个主要栏目开设一个相应的独立目录，以栏目名称英文单词或汉语拼音缩写命名。例如：根目录下的 images 目录用于存放各页面都要使用的所有图像，根目录下的 javascript 目录存放所有 JS 脚本文件，所有 CSS 文件存放在根目录下 css 目录等。

2. 目录命名示例

清晰的站点目录结构方便文件的维护和管理，同时对增加搜索引擎的友好度和移植也有着重要的影响。文件目录命名可参考表 8.1。

表 8.1　　　　　　　　　　　　　　　文件目录命名示例

项目内容	备注
文件与文件夹层次关系	首页、二级页与 css、images 等文件夹是平级关系，位于网站根目录下。
文件夹名称	采用小写英文单词、拼音、数字、下划线，长度不超过 20 个字符，名称尽量语义化。
文件夹的层次深度	三层以内，包括三层。
命名为 "css" 的文件夹	存放 CSS 样式文件。

表8.1(续)

项目内容	备注
命名为"media"的文件夹	存放 flash 以及其他多媒体文件，一个站点只允许有一个此文件夹。
命名为"html"的文件夹	以下情况时采用此文件夹： ①分栏目在五个以上。 ②分栏目页数加起来的总数超过 50 页。 注：一个站点只允许有一个此文件夹。
命名为"images"的文件夹	存放图像文件和 GIF 动画，一个站点只允许有一个此文件夹。
命名为"javascript"的文件夹	存放 JS 文件，一个站点只允许有一个此文件夹。
命名为"language"的文件夹	存放多种语言文件，一个站点只允许有一个此文件夹。
命名为"library"的文件夹	存放库文件，一个站点只允许有一个此文件夹。
命名为"templates"的文件夹	存放模板页面，一个站点只允许有一个此文件夹。

站点文件夹如图 8.1 所示。

图 8.1　站点文件目录

8.1.2　HTML 文件命名规范

1. HTML 文件命名原则

（1）文件名要与表现的内容相近，以最少的字母达到最容易理解的含义。

（2）文件名称应当统一使用小写的英文字母、数字和下划线组合，长度不超过 20 个字符。

（3）尽量以单词的英语翻译为名称。例如：feedback（信息反馈），aboutus（关于我们）。

（4）需要两个以上单词表达时，用下划线"_"分开两个单词，最多不要超过三个单词，如果单词过长，取其前三个字母。

（5）禁止用数字开头，禁止用中文字符或特殊字符作为文件的名称。

（6）多个同类型文件使用英文字母加数字命名，字母和数字之间用"_"分隔。例如：news_01.htm。

2. HTML 文件命名参考

常见 HTML 文件命名可参考表 8.2。

表 8.2　　　　　　　　　　HTML 文件命名参考表

中文名称	英文名称	中文名称	英文名称
首页	index. htm	登录页面	login. htm
注册页	regist. htm	搜索页面	search. htm
购物车页面	shoppingCart. htm	收藏夹页面	favorite. htm
新闻	news. htm	产品页面	products. htm
列表页面	* list. htm	详细页面	* info. htm
论坛	bbs. htm	博客	blog. htm
关于我们	aboutus. htm	招聘信息	jobs. htm
广告服务	adsevices. htm	客户服务	sevices. htm
信息反馈	feedback. htm	合作伙伴	partners. htm
联系我们	contactus. htm	更多页	* more. htm
支持	support. htm	帮助	help. htm
网站地图	sitemap. htm	企业介绍	intro. htm
用户账户	account. htm	工作室	workroom. htm

8.1.3　CSS 文件命名规范

1. CSS 文件命名原则

（1）CSS 文件名称的命名要与所定义的内容语义接近，字母要小写，需要两个以上单词表达时，用下划线"_"分开两个单词，最多不要超过三个单词，如果单词过长，取其前三个字母。

（2）CSS 文件名称统一用小字的英文单词或拼音，长度不超过 20 个字符。如果需要加数字和下划线以区分页面文件，可以在单词或拼音后面添加数字和下划线，但是禁止用数字开头，禁止用中文字符或特殊字符作为文件的名称。

2. CSS 文件命名参考

常见 CSS 文件命名可参考表 8.3。

表 8.3　　　　　　　　　　CSS 文件命名参考表

中文名称	英文名称	中文名称	英文名称
公用样式	common. css	皮肤样式	skin. css
模块样式	module. css	主题样式	themes. css
布局样式	layout. css	默认样式	default. css

表8.3(续)

中文名称	英文名称	中文名称	英文名称
控件样式	usercontrols. css	专栏样式	columns. css
菜单样式	menu. css	文字样式	font. css
统计样式	count. css	打印样式	print. css

8.2 XHTML 代码规范

1. DOCTYPE 文档声明标准代码

要建立符合标准的网页，DOCTYPE 声明是必不可少的关键组成部分。只有 XHTML 确定一个正确的 DOCTYPE，HTML 标记和 CSS 格式才会生效。DOCTYPE 声明必须放在每一个 XHTML 文档最前面，在所有代码和标记之上。XHTML 1.0 提供三种 DTD（Document Type Definition，文档类型定义）声明可供选择：

（1）严格型

严格型 DTD 是最理性的文档类型，要求较严，限制较多，暂不推荐使用。如：

```
<! DOCTYPE html PUBLIC "-//W3C//DTD XHTML 1.0 Strict//EN"
"http: //www. w3. org/TR/xhtml1/DTD/xhtml1-strict. dtd">
<html xmlns="http: //www. w3. org/1999/xhtml">
```

（2）过渡型

对于大多数刚接触 Web 标准的设计师来说，过渡型 DTD 是目前理想的选择。因为这种 DTD 还允许使用表现层的标记、元素和属性，也比较容易通过 W3C 的代码校验。目前互联网上各类网站主要采用过渡性文档类型。如：

```
<DOCTYPE html PUBLIC "-//W3C//DTD XHTML 1.0 Transitional//EN"
"http: //www. w3. org/TR/xhtml1/DTD/xhtml1-transitional. dtd">
<html xmlns="http: //www. w3. org/1999/xhtml">
```

（3）框架型

专门针对框架页面设计使用的 DTD，如果页面中包含有框架，需要采用这种 DTD。如：

```
<! DOCTYPE html PUBLIC "-//W3C//DTD XHTML 1.0 Frameset//EN"
"http: //www. w3. org/TR/xhtml1/DTD/xhtml1-frameset. dtd">
<html xmlns="http: //www. w3. org/1999/xhtml">
```

2. xmlns 命名空间声明

xmlns 是 xhtml namespace（xhtml 命名空间）的缩写。XHTML 是 HTML 向 XML 过渡的标记语言，需要符合 XML 文档规则，因此需要定义命名空间。又因为 XHTML 1.0 不能自定义标记，所以命名空间都相同。如：

```
<html xmlns="http://www.w3.org/1999/xhtml">
```

3. CSS 样式表定义规范

除特殊的 CSS 样式之外（例如 display：none），其他所有的样式表应当编写在外部 CSS 样式表文件中，禁止在单个 HTML 页面的<head>元素内使用 style 来单独定义页面的样式。

CSS 文件引用标准代码：

```
<link href="/css/common.css" type="text/css" rel="stylesheet">
```

4. JavaScript 脚本定义规范

（1）脚本兼容性

脚本兼容性是指能满足多种浏览器的脚本支持标准，确保网站的交互功能在不同的浏览器之间不能有太大的功能丧失，更不能因为浏览器的切换导致网站的一些可用性功能完全丧失。

（2）脚本引用方式

为减小页面的加载负担，除特殊的页面效果需要之外，其他所有的 JS 脚本都应当编写在外部 js 文件中。

脚本引用标准代码：

```
<script type="text/JavaScript" src="menu.js"></script>
```

5. meta 元素描述

<meta>元素用来描述一个 XHTML 网页文档的属性，例如字符编码、网页描述、关键词等信息。<meta>元素内容直接关系到对搜索引擎的友好度，所以一定要完善好相关信息。

（1）语言编码声明

为被浏览器正确解释和通过 W3C 代码校验，XHTML 文档必须声明所使用的编码语言。由于 Web 页面经常会涉及多国语言版本，所以 XHTML 页面制作应当采用多语言编码声明。如：

```
<meta http-equiv="Content-Type" content="text/html; charset=utf-8" />
```

（2）网页描述设置

描述网页的内容简介，利于搜索引擎检索信息，建议不要超过 30~35 个字符。如：

```
<meta name="description" content="网页描述内容">
```

（3）搜索关键字设置

描述网页的关键词，利于搜索引擎检索信息，建议不要重复和堆砌关键词。如：

```
<meta name="keywords" content="关键字 1，关键字 2，关键字 3，关键字 4，">
```

6. Title 代码规范

对于 Web 网站首页面标题，应当采用网站名称作为标题内容。如：

```
<title>重庆工商大学</title>
```

对于网站具体栏目页面、文章页面或产品页面，用栏目名、文章标题或产品名称作为该 Web 页面的标题。如：

```
<title>图书馆寒假闭馆通知</title>
```

7. 元素和元素属性名称必须小写

XHTML 要求所有的元素必须使用小写，大小混写或全部大写都不符合标准。如：

```
<BODY>
<Div>
</Div>
</BODY>
```

必须写成：

```
<body>
<div>
</div>
</body>
```

在元素中编写属性，必须使用小写，例如 class 是一个属性名称，在 XHTML 中不允许使用 CLASS 或 Class 这样的形式。正确的写法是：

```
<span class="red">
```

8. 属性值必须使用双引号

在 XHTML 代码中，必须使用双引号来包围属性值，以免引发不必要的页面问题。不允许使用<div id=content>、<height=80>这样的形式。正确的写法是：

```
<div id="content">
<height="80">
```

9. 不允许使用属性简写

在 XHTML 代码中不允许使用简写属性，必须使用完整的写法。不允许使用<input checked>这样简写的形式。正确的写法：

```
<input checked="checked" />
<option selected="selected" />
```

10. 必须使用结束标签

页面中如果有开始标签，就必须有结束标签。如：

```
<div></div>
<p></p>
```

如果使用<img>、
、<hr>、<input>这样的单体标签，那么必须使用正斜线作为结束。如：

```
<img />
<br />
<hr />
<input />
```

11. 必须设置图像的 alt 属性

alt 属性指定当图像不能显示的时候就显示替换文本，这样对纯文本浏览器和使用屏幕阅读机的用户非常重要。只有添加 alt 属性，代码才会被 W3C 正确性校验通过。另外，设置 alt 属性有利于提高网站的搜索频率。

正确的写法：

```
<img src="logo. gif" alt="Google" />
```

错误的写法：

```
<img src="logo. gif" alt="logo. gif" />
```

注意：要添加有意义的 alt 属性而不是添加毫无意义的注释。

12. 所有的特殊符号编码化

①<，若不是元素的一部分，必须被编码为 &lt。

②>，若不是元素的一部分，必须被编码为 &gt。

③&，若不是实体的一部分的，必须被编码为 &amp。

④空格，必须被编码为 。

13. 主要内容区域要加上注释

网站的内容区需要加上如下注释：

```
<! --网页内容区部分-->
```

14. 尽量减少注释的内容

不要在注释内容中使用"--"。"--"只能使用在 XHTML 注释的开头和结束，不能出现在注释的内容中。下面写法不符合标准：

```
<! --Invalid--and so is the classic "separator" below -->
<! ------------------------------------->
```

由于浏览器的兼容性对 XHTML 页面的解析不同，过多的注释会造成一些页面错乱的问题，因此尽可能地缩写或减少页面代码中的注释内容。例如，XHTML 标准注释代码如下：

```
<! --网页导航部分-->
```

15. 元素必须合理嵌套

因为 XHTML 要求有严谨的结构，因此所有的元素都必须按合理顺序嵌套。

不合理嵌套格式：

```
<div><p><div></p>
```

合理的嵌套格式：

```
<div><ul><li></li></ul></div>
```

<h1>到<h5>的定义，应遵循从大到小的原则，体现文档的结构，并有利于搜索引擎的查询。

16. 必须使用统一的后缀

为统一管理，静态页面必须使用统一的页面后缀 . htm。例如：首页文件名为 index. htm，index. html 文件和 index. htm 文件是两个不同的文件。

17. 正确使用 XHTML 元素定义页面内容

每一个 XHTML 元素都有自己的语义，所以在定义内容时需正确使用每个语义元素。

①标题：<h1></h1>～<h6></h6>。

②表格：表格<table> </table>、表格标题<caption> </caption>、表格行<tr> </tr>、表头<th> </th>、表格列<td> </td>。

③布局：<div></div>。

④列表：无序列表<ul> </ul>、有序列表<ol> </ol>、列表项<li> </li>。

⑤块元素：<span> </span>。

⑥段落：<p> </p>。

⑦链接：<a> </a>。

⑧表单：<form> </form>。

⑨其他元素：换行
、图像<img />、下拉列表或滚动列表<select> </select>、列表选项<option> </option>、文本框或按钮<input />、水平分界线<hr />。

18. 禁止在页面使用表现级元素

Web 标准网页的表现与结构完全分离，代码中不涉及任何的表现元素，例如 style、font、bgcolor、border、bordercolor 等。

19. 禁止使用不符合 Web 标准的元素

例如：<font></font>、<b></b>、<u></u>、<i></i>等。

20. Table 元素定义规范

①避免嵌套过多的表格，嵌套尽量不要超过 3 层。

②对于不可避免的表格嵌套，每级 table 以一个"Tab"键缩进，确保代码层次分明。

③建议不要采用 thead、tfoot 以及 tbody 元素。

④表格的样式应当统一使用 CSS 定义。

⑤表格的边距（cellpadding）、间距（cellspacing）属于内置属性，无法用 CSS 定义控制。

⑥表格线通过设置表格的属性参数边距（cellpadding）、间距（cellspacing）来实现表格线的粗细宽度；然后分别定义表格的背景颜色和表格列的背景颜色来实现表格线颜色。

21. 页面宽度的设定

（1）采用百分比定义页面宽度

采用百分比（%）设定页面宽度时，可以随着浏览器宽度的改变而改变。在制作过程中一定要考虑好页面内容的表现，要做到内容在不同宽度浏览器中显示时布局要整齐、内容排版比例协调。代码格式：

```
width：100%；
```

（2）采用固定像素定义页面宽度

采用固定值设定页面宽度时，内容不会随着浏览器宽度的改变而改变。代码格式：

```
width：1000px；
```

8.3 CSS 编写规范

8.3.1 CSS 代码规范

1. CSS 文件的编码格式

如果 Web 页面对编码有要求，则需遵守指定的编码要求，如果没有要求则默认为国际编码 utf-8。代码格式：

```
@ charset "utf-8"；
```

2. CSS 文件的引入

所有 CSS 的定义尽量书写在外部样式表中。除特殊需要外，页面中禁止使用 style 进行 CSS 定义。CSS 文件引入标准格式：

```
<link rel="stylesheet" type="text/css" href="common.css" />
```

3. CSS 定义必须采用统一的数值单位

为便于统一与修改，建议在某一类型的单位上使用统一的数学单位，以保持各浏览器均能够统一解析。

①颜色值应当统一采用十六进制的颜色代码。

②字体大小应当采用像素 px 来定义。

③行高应当采用百分比（%）来定义。

4. 零值的缩写

CSS 中的属性值都必须带明确的单位，0 值除外，可以省去单位。例如：

```
body {
    mragin：0；
}
```

5. 尽量避免使用 id 定义 CSS

在页面中，除特殊需要外，尽量少用或避免使用 id 来定义 Web 页面的 CSS 样式，解决方法就是统一使用 class（类）来控制样式。

6. CSS 属性顺序化

①显示属性：display、list-style、position、float、clear。

②自身属性：width、height、margin、padding、border、background。

③文本属性：color、font、text-decoration、text-align、vertical-align、white-space、other text、content。

④属性值书写顺序：外边距 margin 和内边距 padding 按照 top、right、bottom、left 的顺时针顺序书写属性值。

⑤伪类书写顺序：当用 CSS 来定义链接的多个状态伪类样式时，应当遵循正确书写顺序：link、：visited、：hover、：active，抽取第一个字母是 LVHA。

7. 注释的写法

CSS 文件相关信息放在文件中最上部分，如：

```
/* * * * * * * * * * * * * * * * * * * * * * * * * * * * * * *
* 文件名称：common.css
* 编写者：* * *
* 编写日期：* * *
* 文件版本：V1.0
* 内容概要：页面制作样式库文件
* * * * * * * * * * * * * * * * * * * * * * * * * * * * * * */
/* * * * * * * * * * 模块内容样式 开始 * * * * * * * * * */
/* * * * * * * * * * 模块内容样式 结束 * * * * * * * * * */
/* 单个样式 */
```

使用 CSSHack，一定要添加注释，并且要写明为什么使用此 CSSHack。例如：

```
.top {
    width：200px；* width：210px；/* IE7 */ _ width：208px；/* IE6 */
}
```

8. 代码书写格式

```
/* 内容部分样式 */
.content {
    width：100%；
}
```

9. 属性缩写的规则

通过使用 CSS 属性缩写以及其他的一些简单技巧，可以在很大程度上减少样式表的文件大小，从而提高页面加载样式文件的速度，进一步提高网页显示速度。

10. Hack 使用规则

由于不同的浏览器，例如 IE 6、IE 7、Firefox 等，对 CSS 的解析规则不一样，因此会导致生成的页面效果不一样，得不到所需的页面效果。

这个针对不同浏览器写不同的 CS 代码的过程，就叫 CSS hack，也叫写 CSS hack。

11. 通用样式定义标准

在定义样式文件时，一定要注意默认值这个问题，因为不同浏览器对默认值的解释不一样，所以在定义属性时，一定要慎重考虑并定义元素的默认值。

①整个站点的背景颜色（background），缺省时定义为白色。

②中文大小（font-size），12px。

③中文字体（font-family），宋体。

④英文字体（font-family），Arial。

⑤行距（line-height），15px。

⑥外边距（margin），0px。

⑦内边距（padding），0px。

⑧字体链接颜色，a：link、a：visited、a：active、a：hover。

⑨图像边框（border），0px。

8.3.2　CSS 命名规范

1. CSS 命名原则

（1）按 Web 页面的结构布局位置命名

网站整体通用的命名规则以网页顶部、中部、底部三个大区块位置及其内部位置进行划分与命名。

例如：网页顶部定义的样式命名为 class = "header"，网页中部定义的样式命名为 class = "middle"，网页底部定义的样式命名为 class = "footer"。

（2）按照 Web 页面的区块命名

在对网页中部定义时，应当按其位置划分为左右两个区块或者左、中、右三个区块。

例如：网页中部左侧的样式可命名为 class = "left"，网页中部中间的样式命名为 class = "middle"，网页中部右侧的样式命名为 class = "right"。

（3）按功能模块命名

对于 Web 网站中模块样式定义，应当按照模块名称定义模块的布局样式。

例如：登录模块，可命名为 class = "login"。

（4）按照组件名称命名

使用组件制作的网站，对于组件的样式，通常采用组件的名称命名样式的名称。如果一个组件有多个样式，可以在名称的后面加上数字以示区分。

例如：某组件的第一种样式命名为 class＝"xxx1"，组件的第二种样式命名为 class＝"xxx2"。

（5）综合命名

为方便设计师及用户理解与修改相应样式，应当在合适的位置使用综合位置命名规则及功能命名规范，栏目名称+位置名+功能模块名+其他定义名。

例如：网站首页中栏内容表定义为 class＝"indexMiddleContent"。

2. id 和 class 命名规范（如表 8.4 所示）

（1）id 和 class 命名，要用英文单词或拼音作为其名称，如果需要加数字表述的，可以在单词或拼音后面添加数字，禁止用数字开头为其名称，禁止用中文或特殊字符为其名称。

（2）首字母小写，第二个单词首字母大写，不要超过三个单词，如果单词太长，取其前三位字母。

例如：两个单词 class 名称为 . productList，三个单词 class 名称为 . productListLeft。

（3）id 和 class 命名采用所定义内容的英文单词或组合命名。

（4）为避免与后期开发人员建立的 id 名称有预期冲突，不建议使用 id 来定义样式，尽可能使用 class 来定义，而且 class 有更多的资源重复利用的可能。

（5）同一类型的 id 和 class 名称第一个单词要一致。

例如字体：红色字体为 . fontRed，绿色字体为 . fontGreen，加粗字体为 . fontBold。

表 8.4　　　　　　　　　　　　　id 和 class 命名参考表

页面内容说明	id/class 名称	页面内容说明	id/class 名称	页面内容说明	id/class 名称
页头部分	header	帮助	help	页尾	footer
内容区	content	注销	logout	导航	nav
页面主体	main	关键词	keyword	主导航	mainnav
菜单	menu	社区	forum	子导航	subnav
导航	nav	论坛	bbs	顶导航	topnav
左右中	left right center	博客	blog	边导航	sidebar
上中下	top middle bottom	按钮	button	左导航	leftsidebar
标志	logo	输入框	input	右导航	rightsidebar
广告	ad	图像	img	产品	products
登陆	login	旗帜	banner	产品描述	productsDes
注册	register	常见问题	faq	产品价格	productsPri
搜索	search	提示信息	msg	产品评论	productsRev
公告	bulletin	下载	download	缩略图	screenshot
图标	icon	新闻	news	信誉	siteinfoCredits
注释	note	列表	list	法律声明	siteinfoLegal

表8.4(续)

页面内容说明	id/class 名称	页面内容说明	id/class 名称	页面内容说明	id/class 名称
服务	service	当前的	current	摘要	summary
菜单	menu	功能区	shop	标题	title
子菜单	submenu	状态	status	加入	joinus
按钮	button	颜色	color	滚动	scroll
热点	hot	合作伙伴	partner	箭头	arrow
推荐	recommend	友情链接	friendlink	排行榜	top10
标签页	tag	指南	guild	评论	review
字体	font	圆角	corner	特别的	special
投票	vote	工具条	toolbar	资源	source
商标	branding	版权信息	copyright	状态	status

8.3.3　CSS 缩写规则

1. 颜色缩写

16 进制的色彩值，如果每两位的值相同，可以缩写一半。

例如：#000000 可以缩写为#000，#336699 可以缩写为#369。

2. 字体（fonts）

> font：font-style ｜ font-variant ｜ font-weight ｜ font-size ｜ line-height ｜ font-family

①font-style，设置对象中的字体样式。

②font-variant，设置对象中的文本是否为小型的大型字母。

③font-weight，设置对象中的文本字体的粗细。

④font-size，设置对象中的字体大小。

⑤line-height，设置对象的行高。

⑥font-family，设置对象中文本的字体名称。

例如：

```
p {
    font：italic normal bold 20px 宋体；
}
```

注意：如果需缩写字体定义，至少要定义 font-size 和 font-family 两个值。

3. margin 与 padding 边距缩写

外边距：

margin：margin-top ｜ margin-right ｜ margin-bottom ｜ margin-left

内边距：

padding：padding-top ｜ padding-right ｜ padding-bottom ｜ padding-left

默认状态下需要提供 4 个参数，属性值的书写顺序分别为上、右、下、左，例如：

①使用 1 个参数表示上下左右的属性值都一致。如：

```
p {
    margin：10px;
    padding：5px;
}
```

②使用 2 个参数，前一个值为上、下边距，后一个值为左、右边距。如：

```
p {
    margin：20px 10px;
    padding：5px 10px;
}
```

③使用 3 个参数表示上边距，左右边距，下边距。如：

```
p {
    margin：20px 10px 30px;
    padding：5px 10px 15px;
}
```

④使用 4 个参数，分别表示上边距，右边距，下边距，左边距。如：

```
p {
    margin：20px 10px 30px 40px;
    padding：5px 10px 15px 20px;
}
```

4. border 边框缩写

border：border-width ｜ border-style ｜ color

border 对于 4 个边都可以单独应用此样式，语法格式如下：

①border-top：border-width ｜ border-style ｜ color。

②border-right：border-width ｜ border-style ｜ color。

③border-bottom：border-width ｜ border-style ｜ color。

④border-left：border-width ｜ border-style ｜ color。

例如：

p｛border：1px solid #ff0000 ；｝

border 还提供 border-width、border-style、border-color 的单独缩写样式，语法格式如下：

①border-width：top ｜ right ｜ bottom ｜ left。

②border-style：top ｜ right ｜ bottom ｜ left。

③border-color：top ｜ right ｜ bottom ｜ left。

例如：

p｛
    border-width：1px 2px 3px 4px；
    border-style：solid dashed；
    border-color：#ffff00 #ffffff #ff0000 #ff00ff；
｝

5. list 列表缩写

list-style：list-style-type ｜ list-style-position ｜ list-style-image

①list-style-type，列表样式类型。

②list-style-position，列表样式位置。

③list-style-image，列表样式图像。

例如：

ul｛
    list-style：disc outside none；
｝

6. background 背景缩写

background：background-color ｜ background-image ｜ background-repeat ｜ background-attachment ｜ background-position

①background-color，背景颜色。

②background-image，背景图像。

③background-repeat，背景图像重复方式。

④background-attachment，背景图像随滚动轴的移动方式。

⑤background-position，图像水平垂直方向定位。

例如：

```
#nav {
    background：#ededed url（images/bg.gif）no-repeat 30% 20px；
}
```

8.4　图像制作规范

8.4.1　图像命名规范

（1）图像文件名的命名要与所定义的内容语义接近，字母要小写，需要两个以上单词表达时，用下划线分开两个单词，最多不要超过三个单词，如果单词过长，取其前三个字母。

（2）图像文件名为英文单词或拼音，如果需要加数字表达的，可以在单词或拼音后面添加数字，但是禁止用数字开头，禁止用中文字符或特殊字符作为文件的名称。

（3）图像名称分为头尾两部分，中间用下划线隔开。头部分表示此图像的大类性质，尾部分用来表示图像的具体含义，用英文字母表示。

例如：banner_ sina.gif、menu_ aboutus.gif、menu_ job.gif、logo_ police.gif、logo_ national.gif、pic_ people.jpg、pic_ hill.jpg。

8.4.2　图像制作规范

（1）把握好图像质量和图像字节大小之间的平衡是图像制作的关键。

（2）对于图像色彩不丰富，其色值不超过 256 以内的图像，使用 GIF 格式图像。例如：Logo、单色背景图像等图像。

（3）对于图像色彩比较丰富，其色值超过 256 的图像，使用 JPEG 格式图像。例如：绚丽多彩的照片、丰富的页面插图、渐变色的图像等。

8.4.3　图像切割

1. 图像切割原则

（1）切割数量最少化、字节压缩最小化、表现内容完整化、图像质量清晰化。

（2）提高网页加载速度的关键是减少图像的数量。因为客户端每显示一张图像都会向服务器发送请求，图像越多请求次数也就越多，造成图像显示延迟的可能性也就越大，因此，尽量不要把图像切割成太多的图。

2. 主题类图像切割

主题类的图像色彩最丰富，尽量在不破坏其图像的情况下进行处理。

3. 标题类图像切割

（1）标题类图像切割时，将展示区域和操作区域分开切割。

（2）单色横线可以用颜色代码定义背景颜色实线相同显示效果。

4. 背景类图像切割

（1）有规律的平铺图像，根据其图像纹理切割成较小的 GIF 格式图像，进行平铺使用。

（2）整体一张平铺使用图像，按照需要进行切割，确实需要全图作背景时要将图像的字节数压缩至最小来使用。

（3）不平铺使用的图像，对于图像没有纹理，切割后会破坏图像表现的意思时，将图像字节压缩至最少，面积裁截至最少，但同时要保持图像的意境。

5. 图标类图像切割

（1）有规律较密集的图标，如标题图标类的图像，可以将小图全部切割成一张 GIF 格式的图，以减少图像下载次数，然后利用 CSS 背景定位的方法来使用这张图像。

（2）无规律较松散的图标，根据图标的大小单独切割图像，单独使用。

6. 圆角矩形类图像切割

对于颜色不超过 256 色的比较规则的矩形图，当长和高都需要扩展的时候可以采用九宫格的方法进行切割。

（1）将圆角单独切割使用，不可以平铺。

（2）X 轴规则图，取宽 1px 的图作为背景图平铺使用。

（3）Y 轴规则图，取高 1px 的图作为背景图平铺使用。

8.4.4　图像优化

图像优化原则是使用合适的图像格式对图像进行不失真压缩，使图像的字节数保持最小化。

1. GIF 格式优化

GIF 格式适合压缩具有单调颜色和清晰细节的图像（例如艺术线条、徽标或带文字的插图）。压缩时，如果色系较少，颜色少于 256，调色板可以选择为"精确"，不要选"失真"；一般情况下，调色板选择"最合适"，最大颜色数选择 256；如果色彩稍多于 256 色，可将抖动设为 100%，为防止边缘出现锯齿，不需要透明的时候，尽量不透明。

GIF 格式图像常用压缩工具有 Adobe Image Ready、Image Optimizer 等。

2. JPG 格式优化

JPEG 格式适合压缩连续色调图像（例如照片）。压缩时需在图像质量和文件尺寸之间找到平衡点，网页图像的压缩率一般选择 80%。

JPG 格式图像常用压缩工具有 Image Optimizer 等。

3. 其他优化建议

（1）利用 CSS 将辅助图像作为背景使用。

（2）图像若作为内容放在 HTML 代码里，则必须设定高度和宽度（需要动态更新，并且图像大小不固定的除外）。这样可以减少页面 reflow 次数，加快显示。

（3）如果图像不包含任何信息，仅是作为装饰使用，需将该图像从 HTML 中分离出来。

第9章 Web 标准网页校验

9.1 浏览器版本与屏幕分辨率

9.1.1 浏览器市场份额

2013 年 12 月 11 日，中国网民桌面浏览器使用率统计显示，IE 系列浏览器的使用率总份额为 43.49%，排名第一，其中，IE 6、IE 7、IE 8、IE 9 与 IE 10 这五个主要版本使用率分别为 12.60%、8.55%、16.57%、3.90%、2.13%；在非 IE 浏览器之中，360 系列浏览器使用率为 26.27%，搜狗高速浏览器为 6.19%，Chrome 和 Safari 分别为 5.90%、6.78%。详细数据如表 9.1 所示。

表 9.1　　　　　　　　中国网民桌面浏览器使用率统计表　　　　　　单位:%

桌面浏览器类型	2013 年 12 月 11 日	2013 年 11 月	2013 年三季度	2012 年
Internet Explorer	43.49	43.94	46.46	52.75
奇虎 360 旗下浏览器	26.27	26.09	24.87	27.09
Safari	6.78	6.41	6.28	2.93
搜狗高速浏览器	6.19	6.07	6.93	7.60
Chrome	5.90	6.27	6.34	2.63
腾讯旗下浏览器	3.30	3.01	2.58	1.99
傲游	2.20	2.03	2.02	2.13
UC 浏览器	1.43	1.36	/	/
2345 浏览器	1.21	1.24	/	/
火狐	1.17	1.30	1.54	1.62
猎豹浏览器	0.78	1.28	1.84	0.34
Theworld	0.69	0.62	0.59	0.84
淘宝浏览器	0.29	0.26	0.23	/
Opera	0.22	0.23	0.23	0.24
枫树浏览器	0.06	0.06	0.06	0.05

数据来源：http://brow.data.cnzz.com/。

2013 年 12 月 11 日，中国网民智能终端浏览器使用率统计显示，安卓自带手机浏览器使用率高达 48.56%，排名第一，其次为 ipad 自带手机浏览器为 15.17%，UC 浏览器为 14.30%，iphone 自带手机浏览器为 10.73%，QQ 浏览器为 9.02%。详细数据如表 9.2 所示。

表 9.2　　　　　　　　　中国网民智能终端浏览器使用率表　　　　　　　单位：%

智能终端浏览器类型	2013 年 12 月 11 日使用率	2013 年 11 月	2013 年三季度
安卓自带手机浏览器	48.56	49.55	47.70
ipad 自带手机浏览器	15.17	15.01	17.25
UC 浏览器	14.30	13.90	12.20
iphone 自带手机浏览器	10.73	10.56	13.10
QQ 浏览器	9.02	8.68	7.29
opera	1.44	1.52	1.61
塞班自带手机浏览器	0.49	0.49	0.47
ie_ windowsphone	0.20	0.21	0.21
其他浏览器	0.05	0.05	0.11
三星自带手机浏览器	0.04	0.04	0.04

数据来源：http：//brow.data.cnzz.com/。

9.1.2　屏幕分辨率

Web 页面宽度和上网设备屏幕分辨率对用户网页浏览体验非常重要。对于桌面电脑，截至 2013 年 11 月，1366x768 分辨率使用率最高，达到 22.42%，其次是 1024x768 为 20.94%，1440x900 为 20.17%。详细数据如表 9.3 所示。

表 9.3　　　　　　　　　中国网民屏幕分辨率统计表　　　　　　　　单位：%

分辨率	2013 年 11 月		2013 年 5 月	
	使用率	占有率	使用率	占有率
1366x768	22.42	24.8	19.31	22.78
1024x768	20.94	19.81	27.95	27.95
1440x900	20.17	19.11	21.39	20.52
1920x1080	9.28	8.95		
1280x800	6.84	7.14	7.58	9.15
1280x1024	4.83	4.49	5.05	4.9
1680x1050	4.05	3.84	4.66	3.52
1280x768	3.11	3.47	3.38	3.62
1152x864	2.4	2.23	3.15	3.19

表9.3(续)

分辨率	2013 年 11 月		2013 年 5 月	
	使用率	占有率	使用率	占有率
1280x960	1.85	1.77	2.67	2.07
800x600	0.78	1.04	4.86	2.29

数据来源：http：//brow. data. cnzz. com/ 。

9.1.3 浏览器兼容性方案

网页兼容性主要是 Web 页面针对不同浏览器的兼容性。这是一个非常复杂的问题，浏览器种类多，版本更多，甚至同一浏览器的不同版本对代码的解释都存在差一些差异。随着浏览器市场竞争加剧，Chrome、Firefox、Safari、Opera 等非 IE 浏览器异军突起，占据超过半数的市场份额，同时移动上网设备网络流量的爆发式增长对网页的标准性提出更高要求，不符合标准意味着被用户抛弃，因此各浏览器最新版本更加注重对 Web 标准的兼容。

一个合乎发展的建议是，页面尽量符合 Web 标准，同时兼顾 IE、Chrome、Safari 等主流浏览器的主流版本，网页宽度一般为 1000 像素左右。

9.2　HTML 兼容性

HTML 元素主要包括文档结构元素、文本格式元素、预定义格式元素、文字格式标签、链接元素、框架元素、表单元素、列表元素、图像元素、表格元素、样式元素、文档信息元素、脚本元素等。

HTML 元素兼容性如表 9.4～表 9.16 所示。DTD 说明各元素对 DTD 版本的兼容性，S 表示兼容 XHTML 1.0 Strict DOCTYPE，T 表示兼容 XHTML 1.0 Transitional DOCTYPE，F 表示兼容 XHTML 1.0 Frameset DOCTYPE。

HTML 元素兼容性参考手册：http：//www. w3school. com. cn/tags/html_ ref_ dtd. asp。

表 9.4　　　　　　　　　　　HTML 文档结构元素

元素	描述	DTD
<! DOCTYPE>	定义文档类型	STF
<html>	定义 HTML 文档	STF
<body>	定义文档的主体	STF
<h1>~<h6>	定义 HTML 标题	STF
<p>	定义段落	STF
 	定义简单的折行	STF

表9.4(续)

元素	描述	DTD
\<hr>	定义水平线	STF
\<! --...-->	定义注释	STF

表 9.5　　　　　　　　　　　　　　HTML 文本格式元素

元素	描述	DTD
\<b>	定义粗体文本	STF
\<font>	不赞成使用，定义文本的字体、尺寸和颜色	TF
\<i>	定义斜体文本	STF
\<em>	定义强调文本	STF
\<big>	定义大号文本	STF
\<strong>	定义语气更为强烈的强调文本	STF
\<small>	定义小号文本	STF
\<sup>	定义上标文本	STF
\<sub>	定义下标文本	STF
\<bdo>	定义文本的方向	STF
\<u>	不赞成使用，定义下划线文本	TF

表 9.6　　　　　　　　　　　　　　HTML 预定义格式元素

元素	描述	DTD
\<pre>	定义预格式文本	STF
\<code>	定义计算机代码文本	STF
\<tt>	定义打字机文本	STF
\<kbd>	定义键盘文本	STF
\<var>	定义文本的变量部分	STF
\<dfn>	定义定义项目	STF
\<samp>	定义计算机代码样本	STF
\<xmp>	不赞成使用，定义预格式文本	已废止

表 9.7　　　　　　　　　　　　　　HTML 文字格式标签

标签	描述	DTD
\<acronym>	定义只取首字母的缩写	STF
\<abbr>	定义缩写	STF

表9.7(续)

标签	描述	DTD
`<address>`	定义文档作者或拥有者的联系信息	STF
`<blockquote>`	定义块引用	STF
`<center>`	不赞成使用，定义居中文本	TF
`<q>`	定义短的引用	STF
`<cite>`	定义引用（citation）	STF
`<ins>`	定义被插入文本	STF
`<del>`	定义被删除文本	STF
`<s>`	不赞成使用，定义加删除线的文本	TF
`<strike>`	不赞成使用，定义加删除线的文本	TF

表 9.8　　　　　　　　　　　HTML **链接元素**

元素	描述	DTD
`<a>`	定义锚	STF
`<link>`	定义文档与外部资源的关系	STF

表 9.9　　　　　　　　　　　HTML **框架元素**

元素	描述	DTD
`<frame>`	定义框架集的窗口或框架	F
`<frameset>`	定义框架集	F
`<noframes>`	定义针对不支持框架的用户的替代内容	TF
`<iframe>`	定义内联框架	TF

表 9.10　　　　　　　　　　　HTML **表单元素**

元素	描述	DTD
`<form>`	定义供用户输入的 HTML 表单	STF
`<input>`	定义输入控件	STF
`<textarea>`	定义多行的文本输入控件	STF
`<button>`	定义按钮	STF
`<select>`	定义选择列表（下拉列表）	STF
`<optgroup>`	定义选择列表中相关选项的组合	STF
`<option>`	定义选择列表中的选项	STF
`<label>`	定义 input 元素的标注	STF

表9.10(续)

元素	描述	DTD
\<fieldset\>	定义围绕表单中元素的边框	STF
\<legend\>	定义 fieldset 元素的标题	STF
\<isindex\>	不赞成使用，定义与文档相关的可搜索索引	TF

表 9.11　　　　　　　　　　　　HTML 列表元素

元素	描述	DTD
\<ul\>	定义无序列表	STF
\<ol\>	定义有序列表	STF
\<li\>	定义列表的项目	STF
\<dir\>	不赞成使用，定义目录列表	TF
\<dl\>	定义定义列表	STF
\<dt\>	定义定义列表中的项目	STF
\<dd\>	定义定义列表中项目的描述	STF
\<menu\>	不赞成使用，定义菜单列表	TF

表 9.12　　　　　　　　　　　　HTML 图像元素

元素	描述	DTD
\<img\>	定义图像	STF
\<map\>	定义图像映射	STF
\<area\>	定义图像地图内部的区域	STF

表 9.13　　　　　　　　　　　　HTML 表格元素

元素	描述	DTD
\<table\>	定义表格	STF
\<caption\>	定义表格标题	STF
\<th\>	定义表格中的表头单元格	STF
\<tr\>	定义表格中的行	STF
\<td\>	定义表格中的单元	STF
\<thead\>	定义表格中的表头内容	STF
\<tbody\>	定义表格中的主体内容	STF
\<tfoot\>	定义表格中的表注内容（脚注）	STF

表9.13(续)

元素	描述	DTD
<col>	定义表格中一个或多个列的属性值	STF
<colgroup>	定义表格中供格式化的列组	STF

表 9.14　　　　　　　　　　　**HTML 样式元素**

元素	描述	DTD
<style>	定义文档的样式信息	STF
<div>	定义文档中的节	STF
<span>	用来组合文档中的行内元素	STF

表 9.15　　　　　　　　　　　**HTML 文档信息元素**

元素	描述	DTD
<head>	定义关于文档的信息	STF
<title>	定义文档的标题	STF
<meta>	定义关于 HTML 文档的元信息	STF
<base>	定义页面中所有链接的默认地址或默认目标	STF
<basefont>	不赞成使用，定义页面中文本的默认字体、颜色或尺寸	TF

表 9.16　　　　　　　　　　　**HTML 脚本元素**

元素	描述	DTD
<script>	定义客户端脚本	STF
<noscript>	定义针对不支持客户端脚本的用户的替代内容	STF
<applet>	不赞成使用，定义嵌入的 applet	TF
<object>	定义嵌入的对象	STF
<param>	定义对象的参数	STF

9.3　CSS 兼容性

9.3.1　CSS 属性兼容性

CSS 中，常用属性有背景属性（Background）、边框属性（Border 和 Outline）、文本属性（Text）、字体属性（Font）、列表属性（List）、内容生成（Generated Content）、尺寸属性（Dimension）、定位属性（Positioning）、打印属性（Print）、表格属性（Table）、伪类（Pseudo-classes）、伪元素（Pseudo elements）、动画属性（Animation）、框属性（Box）、颜色属性（Color）、分页媒体内容属性（Content for Paged Media）、可伸缩框属性（Flexible Box）、网格属性（Grid）、链接属性（Hyperlink）、滚动属性（Marquee）、多列属性（Multi-column）、分页媒体属性（Paged Media）、2D/3D 转换属性（Transform）、过渡属性（Transition）、用户界面属性（User-interface）等。

CSS 属性兼容性如表 9.17～表 9.43 所示。表格第三列 CSS 表示 CSS 属性兼容的 CSS 版本，1 表示兼容 CSS1，2 表示兼容 CSS2，3 表示兼容 CSS3。

CSS 属性参考手册：http：//www.w3school.com.cn/cssref/index.asp。

表 9.17　　　　　　　　　　CSS 背景属性（Background）

属性	描述	CSS
background	在一个声明中设置所有的背景属性	1
background-attachment	设置背景图像是否固定或者随着页面的其余部分滚动	1
background-color	设置元素的背景颜色	1
background-image	设置元素的背景图像	1
background-position	设置背景图像的开始位置	1
background-repeat	设置是否及如何重复背景图像	1
background-clip	规定背景的绘制区域	3
background-origin	规定背景图像的定位区域	3
background-size	规定背景图像的尺寸	3

表 9.18　　　　　　　　　　CSS 边框属性（Border 和 Outline）

属性	描述	CSS
border	在一个声明中设置所有的边框属性	1
border-bottom	在一个声明中设置所有的下边框属性	1
border-bottom-color	设置下边框的颜色	2
border-bottom-style	设置下边框的样式	2
border-bottom-width	设置下边框的宽度	1
border-color	设置四条边框的颜色	1
border-left	在一个声明中设置所有的左边框属性	1
border-left-color	设置左边框的颜色	2
border-left-style	设置左边框的样式	2
border-left-width	设置左边框的宽度	1
border-right	在一个声明中设置所有的右边框属性	1
border-right-color	设置右边框的颜色	2

表9.18(续)

属性	描述	CSS
border-right-style	设置右边框的样式	2
border-right-width	设置右边框的宽度	1
border-style	设置四条边框的样式	1
border-top	在一个声明中设置所有的上边框属性	1
border-top-color	设置上边框的颜色	2
border-top-style	设置上边框的样式	2
border-top-width	设置上边框的宽度	1
border-width	设置四条边框的宽度	1
outline	在一个声明中设置所有的轮廓属性	2
outline-color	设置轮廓的颜色	2
outline-style	设置轮廓的样式	2
outline-width	设置轮廓的宽度	2
border-bottom-left-radius	定义边框左下角的形状	3
border-bottom-right-radius	定义边框右下角的形状	3
border-image	简写属性，设置所有边框图像属性	3
border-image-outset	规定边框图像区域超出边框的量	3
border-image-repeat	图像边框平铺方式	3
border-image-slice	规定图像边框的向内偏移	3
border-image-source	规定用作边框的图像	3
border-image-width	规定图像边框的宽度	3
border-radius	简写属性，设置所有四个边框圆角属性	3
border-top-left-radius	定义边框左上角的形状	3
border-top-right-radius	定义边框右上角的形状	3
box-decoration-break	设置在分页符处断开方框的方式	3
box-shadow	为方框添加一个或多个阴影	3

表 9.19　　　　　　　　　　　　CSS 文本属性（Text）

属性	描述	CSS
color	设置文本的颜色	1
direction	规定文本的方向/书写方向	2
letter-spacing	设置字符间距	1
line-height	设置行高	1

表9.19(续)

属性	描述	CSS
text-align	规定文本的水平对齐方式	1
text-decoration	规定添加到文本的装饰效果	1
text-indent	规定文本块首行的缩进	1
text-shadow	规定添加到文本的阴影效果	2
text-transform	控制文本的大小写	1
unicode-bidi	设置文本方向	2
white-space	规定如何处理元素中的空白	1
word-spacing	设置单词间距	1
hanging-punctuation	规定标点字符是否位于线框之外	3
punctuation-trim	规定是否对标点字符进行修剪	3
text-align-last	设置如何对齐最后一行或紧挨着强制换行符之前的行	3
text-emphasis	向元素的文本应用重点标记以及重点标记的前景色	3
text-justify	规定当 text-align 设置为 justify 时所使用的对齐方法	3
text-outline	规定文本的轮廓	3
text-overflow	规定当文本溢出包含元素时发生的事情	3
text-shadow	向文本添加阴影	3
text-wrap	规定文本的换行规则	3
word-break	规定非中、日、韩文本的换行规则	3
word-wrap	允许对长的不可分割的单词进行分割并换行到下一行	3

表 9.20　　　　　　　　　　CSS 字体属性（Font）

属性	描述	CSS
font	在一个声明中设置所有字体属性	1
font-family	规定文本的字体系列	1
font-size	规定文本的字体尺寸	1
font-size-adjust	为元素规定 aspect 值，即字体的 x-height 与 font-size 的比值	2
font-stretch	收缩或拉伸当前的字体系列	2
font-style	规定文本的字体样式	1
font-variant	规定是否以小型大写字母的字体显示文本	1
font-weight	规定字体的粗细	1

表 9.21   CSS 外边距属性（Margin）

属性	描述	CSS
margin	在一个声明中设置所有外边距属性	1
margin-bottom	设置元素的下外边距	1
margin-left	设置元素的左外边距	1
margin-right	设置元素的右外边距	1
margin-top	设置元素的上外边距	1

表 9.22   CSS 内边距属性（Padding）

属性	描述	CSS
padding	在一个声明中设置所有内边距属性	1
padding-bottom	设置元素的下内边距	1
padding-left	设置元素的左内边距	1
padding-right	设置元素的右内边距	1
padding-top	设置元素的上内边距	1

表 9.23   CSS 列表属性（List）

属性	描述	CSS
list-style	在一个声明中设置所有的列表属性	1
list-style-image	将图像设置为列表项标记	1
list-style-position	设置列表项标记的放置位置	1
list-style-type	设置列表项标记的类型	1
marker-offset	设置 marker 类容器的水平间距	2

表 9.24   CSS 内容生成（Generated Content）

属性	描述	CSS
content	与：before 以及：after 伪元素配合使用，来插入生成内容	2
counter-increment	递增或递减一个或多个计数器	2
counter-reset	创建或重置一个或多个计数器	2
quotes	设置嵌套引用的引号类型	2
crop	允许被替换元素仅仅是对象的矩形区域，而不是整个对象	3
move-to	从流中删除元素，然后在文档中后面的点上重新插入	3
page-policy	确定元素基于页面的 occurrence 应用于计数器还是字符串值	3

表 9.25　　　　　　　　　　　　　　CSS 尺寸属性（Dimension）

属性	描述	CSS
height	设置元素高度	1
max-height	设置元素的最大高度	2
max-width	设置元素的最大宽度	2
min-height	设置元素的最小高度	2
min-width	设置元素的最小宽度	2
width	设置元素的宽度	1

表 9.26　　　　　　　　　　　　　　CSS 定位属性（Positioning）

属性	描述	CSS
bottom	设置定位元素下外边距边界与其包含块下边界之间的偏移	2
clear	规定元素的哪一侧不允许其他浮动元素	1
clip	剪裁绝对定位元素	2
cursor	规定要显示的光标的类型（形状）	2
display	规定元素应该生成的框的类型	1
float	规定框是否应该浮动	1
left	设置定位元素左外边距边界与其包含块左边界之间的偏。	2
overflow	规定当内容溢出元素框时发生的事情	2
position	规定元素的定位类型	2
right	设置定位元素右外边距边界与其包含块右边界之间的偏移	2
top	设置定位元素的上外边距边界与其包含块上边界之间的偏移	2
vertical-align	设置元素的垂直对齐方式	1
visibility	规定元素是否可见	2
z-index	设置元素的堆叠顺序	2

表 9.27　　　　　　　　　　　　　　CSS 打印属性（Print）

属性	描述	CSS
orphans	设置当元素内部发生分页时必须在页面底部保留的最少行数	2
page-break-after	设置元素后的分页行为	2
page-break-before	设置元素前的分页行为	2

表9.27(续)

属性	描述	CSS
page-break-inside	设置元素内部的分页行为	2
widows	设置当元素内部发生分页时必须在页面顶部保留的最少行数	2

表 9.28   CSS **表格属性**（Table）

属性	描述	CSS
border-collapse	规定是否合并表格边框	2
border-spacing	规定相邻单元格边框之间的距离	2
caption-side	规定表格标题的位置	2
empty-cells	规定是否显示表格中的空单元格上的边框和背景	2
table-layout	设置用于表格的布局算法	2

表 9.29   CSS **伪类**（Pseudo-classes）

属性	描述	CSS
: active	向被激活的元素添加样式	1
: focus	向拥有键盘输入焦点的元素添加样式	2
: hover	当鼠标悬浮在元素上方时，向元素添加样式	1
: link	向未被访问的链接添加样式	1
: visited	向已被访问的链接添加样式	1
: first-child	向元素的第一个子元素添加样式	2
: lang	向带有指定 lang 属性的元素添加样式	2

表 9.30   CSS **伪元素**（Pseudo elements）

属性	描述	CSS
: first-letter	向文本的第一个字母添加特殊样式	1
: first-line	向文本的首行添加特殊样式	1
: before	在元素之前添加内容	2
: after	在元素之后添加内容	

表 9.31   CSS3 **动画属性**（Animation）

属性	描述	CSS
@ keyframes	规定动画	3
animation	所有动画属性的简写属性，除 animation-play-state 属性	3

表9.31(续)

属性	描述	CSS
animation-name	规定@keyframes 动画的名称	3
animation-duration	规定动画完成一个周期所花费的时间	3
animation-timing-function	规定动画的速度曲线	3
animation-delay	规定动画何时开始	3
animation-iteration-count	规定动画被播放的次数	3
animation-direction	规定动画是否在下一周期逆向播放	3
animation-play-state	规定动画是否正在运行或暂停	3
animation-fill-mode	规定对象动画时间之外的状态	3

表 9.32　　　　　　　　　　　　CSS 框属性（Box）

属性	描述	CSS
overflow-x	如果内容溢出元素内容区域，是否对内容的左/右边缘进行裁剪	3
overflow-y	如果内容溢出元素内容区域，是否对内容的上/下边缘进行裁。	3
overflow-style	规定溢出元素的首选滚动方法	3
rotation	围绕由 rotation-point 属性定义的点对元素进行旋转	3
rotation-point	定义距离上左边框边缘的偏移点	3

表 9.33　　　　　　　　　　　　CSS 颜色属性（Color）

属性	描述	CSS
color-profile	允许使用源的颜色配置文件的默认以外的规范	3
opacity	设置一个元素的透明度级别	3
rendering-intent	允许超过默认颜色配置文件渲染意向的其他规范	3

表 9.34　　　　CSS 分页媒体内容属性（Content for Paged Media）

属性	描述	CSS
bookmark-label	规定书签的标记	3
bookmark-level	规定书签的级别	3
bookmark-target	规定书签链接的目标	3
float-offset	将元素放在 float 属性通常放置的位置的相反方向	3
hyphenate-after	规定连字单词中连字符之后的最小字符数	3
hyphenate-before	规定连字单词中连字符之前的最小字符数	3

表9.34(续)

属性	描述	CSS
hyphenate-character	规定当发生断字时显示的字符串	3
hyphenate-lines	指示元素中连续断字连线的最大数	3
hyphenate-resource	规定帮助浏览器确定断字点的外部资源（逗号分隔的列表）	3
hyphens	设置如何对单词进行拆分，以改善段落的布局	3
image-resolution	规定图像的正确分辨率	3
marks	向文档添加裁切标记或十字标记	3
string-set	改变特定索引下字符串字符的内容	3

表 9.35　　　　　　　　　CSS 可伸缩框属性（Flexible Box）

属性	描述	CSS
box-align	规定如何对齐框的子元素	3
box-direction	规定框的子元素的显示方向	3
box-flex	规定框的子元素是否可伸缩	3
box-flex-group	将可伸缩元素分配到柔性分组	3
box-lines	规定当超出父元素框的空间时，是否换行显示	3
box-ordinal-group	规定框的子元素的显示次序	3
box-orient	规定框的子元素是否应水平或垂直排列	3
box-pack	规定水平框中的水平位置或者垂直框中的垂直位置	3

表 9.36　　　　　　　　　CSS 网格属性（Grid）

属性	描述	CSS
grid-columns	规定网格中每列的宽度	3
grid-rows	规定网格中每行的高度	3

表 9.37　　　　　　　　　CSS 链接属性（Hyperlink）

属性	描述	CSS
target	简写属性，设置 target-name、target-new 和 target-position 属性	3
target-name	规定在何处打开链接（链接的目标）	3
target-new	规定目标链接在新窗口还是在已有窗口的新标签页中打开	3
target-position	规定在何处放置新的目标链接	3

表 9.38　　　　　　　　　　　　CSS **滚动属性**（Marquee）

属性	描述	CSS
marquee-direction	设置内容滚动方向	3
marquee-play-count	设置内容滚动次数	3
marquee-speed	设置内容滚动速度	3
marquee-style	设置滚动内容样式	3

表 9.39　　　　　　　　　　　　CSS **多列属性**（Multi-column）

属性	描述	CSS
column-count	规定元素应该被分隔的列数	3
column-fill	规定如何填充列	3
column-gap	规定列之间的间隔	3
column-rule	设置所有列之间规则属性的简写属性	3
column-rule-color	规定列之间规则的颜色	3
column-rule-style	规定列之间规则的样式	3
column-rule-width	规定列之间规则的宽度	3
column-span	规定元素应该横跨的列数	3
column-width	规定列的宽度	3
columns	设置 column-width 和 column-count 的简写属性	3

表 9.40　　　　　　　　　　　　CSS **分页媒体属性**（Paged Media）

属性	描述	CSS
fit	示意如何对 width 和 height 属性均不是 auto 的被替换元素进行缩放	3
fit-position	定义框内对象的对齐方式	3
image-orientation	规定用户代理应用于图像的顺时针方向旋转	3
page	规定元素应该被显示的页面特定类型	3
size	规定页面内容包含框的尺寸和方向	3

表 9.41　　　　　　　　　　　　CSS 2D/3D **转换属性**（Transform）

属性	描述	CSS
transform	向元素应用 2D 或 3D 转换	3
transform-origin	允许改变被转换元素的位置	3
transform-style	规定被嵌套元素如何在 3D 空间中显示	3
perspective	规定 3D 元素的透视效果	3

表9.41(续)

属性	描述	CSS
perspective-origin	规定 3D 元素的底部位置	3
backface-visibility	定义元素在不面对屏幕时是否可见	3

表 9.42　　　　　　　　　　CSS 过渡属性（Transition）

属性	描述	CSS
transition	简写属性，用于在一个属性中设置四个过渡属性	3
transition-property	规定应用过渡的 CSS 属性的名称	3
transition-duration	定义过渡效果花费的时间	3
transition-timing-function	规定过渡效果的时间曲线	3
transition-delay	规定过渡效果何时开始	3

表 9.43　　　　　　　　　CSS 用户界面属性（User-interface）

属性	描述	CSS
appearance	允许将元素设置为标准用户界面元素的外观	3
box-sizing	允许以确切的方式定义适应某个区域的具体内容	3
icon	为创作者提供使用图标化等价物来设置元素样式的能力	3
nav-down	规定在使用 arrow-down 导航键时向何处导航	3
nav-index	设置元素的 tab 键控制次序	3
nav-left	规定在使用 arrow-left 导航键时向何处导航	3
nav-right	规定在使用 arrow-right 导航键时向何处导航	3
nav-up	规定在使用 arrow-up 导航键时向何处导航	3
outline-offset	对轮廓进行偏移，并在超出边框边缘的位置绘制轮廓	3
resize	规定是否可由用户对元素的尺寸进行调整	3

9.3.2　CSS 选择器兼容性

CSS 选择器兼容性如表 9.44 所示。表格第三列 CSS 表示 CSS 选择器兼容的 CSS 版本，1 表示兼容 CSS1，2 表示兼容 CSS2，3 表示兼容 CSS3。

CSS 选择器参考手册：http://www.w3school.com.cn/cssref/css_ selectors.asp。

表 9.44　　　　　　　　　　　　　　CSS 选择器

选择器	示例	示例描述	CSS
.class	.intro	选择 class="intro" 的所有元素	1

表9.44(续)

选择器	示例	示例描述	CSS
#id	#firstname	选择 id="firstname" 的元素	1
*	*	选择所有元素	2
element	p	选择所有<p>元素	1
element，element	div，p	选择所有<div>元素和所有<p>元素	1
element element	div p	选择<div>元素内部的所有<p>元素	1
element>element	div>p	选择父元素为<div>元素的所有<p>元素	2
element+element	div+p	选择紧接在<div>元素之后的所有<p>元素	2
［attribute］	［target］	选择带有 target 属性所有元素	2
［attribute=value］	［target=_blank］	选择 target="_blank" 的所有元素	2
［attribute~=value］	［title~=flower］	选择 title 属性包含单词"flower"的所有元素	2
［attribute｜=value］	［lang｜=en］	选择 lang 属性值以"en"开头的所有元素	2
：link	a：link	选择所有未被访问的链接	1
：visited	a：visited	选择所有已被访问的链接	1
：active	a：active	选择活动链接	1
：hover	a：hover	选择鼠标指针位于其上的链接	1
：focus	input：focus	选择获得焦点的 input 元素	2
：first-letter	p：first-letter	选择每个<p>元素的首字母	1
：first-line	p：first-line	选择每个<p>元素的首行	1
：first-child	p：first-child	选择每个<p>元素的第一个子元素	2
：before	p：before	在每个<p>元素的内容之前插入内容	2
：after	p：after	在每个<p>元素的内容之后插入内容	2
：lang（language）	p：lang（it）	选择带有以"it"开头的 lang 属性值的每个<p>元素	2
element1~element2	p~ul	选择前面有<p>元素的每个<ul>元素	3
［attribute^=value］	a［src^="https"］	选择 src 属性值以"https"开头的每个<a>元素	3
［attribute$=value］	a［src$=".pdf"］	选择 src 属性以".pdf"结尾的所有<a>元素	3
［attribute*=value］	a［src*="abc"］	选择 src 属性中包含"abc"子串的每个<a>元素	3
：first-of-type	p：first-of-type	选择属于其父元素的首个<p>元素的每个<p>元素	3
：last-of-type	p：last-of-type	选择属于其父元素的最后<p>元素的每个<p>元素	3

表9.44(续)

选择器	示例	示例描述	CSS
：only-of-type	p：only-of-type	选择属于其父元素唯一的<p>元素的每个<p>元素	3
：only-child	p：only-child	选择属于其父元素的唯一子元素的每个<p>元素。	3
：nth-child（n）	p：nth-child（2）	选择属于其父元素的第二个子元素的每个<p>元素	3
：nth－last－child（n）	p：nth－last－child（2）	同上，从最后一个子元素开始计数	3
：nth-of-type（n）	p：nth-of-type（2）	选择属于其父元素第二个<p>元素的每个<p>元素	3
：nth－last－of－type（n）	p：nth－last－of－type（2）	同上，但是从最后一个子元素开始计数	3
：last-child	p：last-child	选择属于其父元素最后一个子元素每个<p>元素	3
：root	：root	选择文档的根元素	3
：empty	p：empty	选择没有子元素的每个<p>元素（包括文本节点）	3
：target	#news：target	选择当前活动的#news 元素	3
：enabled	input：enabled	选择每个启用的<input>元素	3
：disabled	input：disabled	选择每个禁用的<input>元素	3
：checked	input：checked	选择每个被选中的<input>元素	3
：not（selector）	：not（p）	选择非<p>元素的每个元素	3
：：selection	：：selection	选择被用户选取的元素部分	3

9.4　Web 标准代码校验

W3C 网站的 http：//validator. w3. org 地址，提供免费的标准验证器来帮助网页设计人员对网页代码进行标准性验证。

W3C 提供输入 URL、上载文件或者直接输入代码三种方式来检验 HTML、XHTML、CSS 文件格式是否符合 W3C 的规范标准。W3C 验证页面如图 9.1 所示。

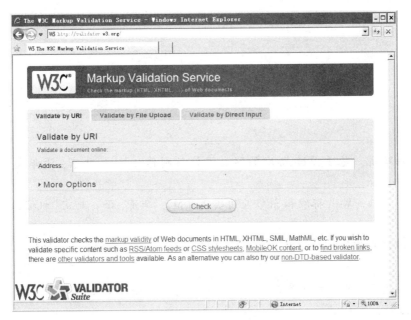

图 9.1　W3C 网页标准验证界面

采用 URL 验证方法，输入 W3C 网站地址 http：//www. w3. org/，对首页面进行验证，验证结果显示 "This document was successfully checked as XHTML 1. 0 Strict!"，表示成功通过 XHTML 1. 0 Strict 标准验证。验证结果如图 9. 2 所示。

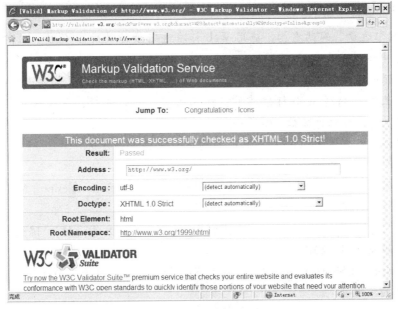

图 9.2　W3C 网站首页验证结果

参考文献

［1］唐四薪 . 基于 Web 标准的网页设计与制作 ［M］. 北京：清华大学出版社，2009.

［2］瓦尔特 . Web 标准和 SEO 应用实践 ［M］. 李清，译 . 北京：机械工业出版社，2008.

［3］奥尔索普 . Web 标准开发之道 ［M］. 雷钧钧，译 . 北京：机械工业出版社，2011.

［4］安德森 . Web 标准实践：Web 设计的整体方法 ［M］. 刘红伟，译 . 北京：机械工业出版社，2010.

［5］唐四薪 . Web 标准网页设计与 ASP ［M］. 北京：清华大学出版社，2011.

［6］锡德霍姆 . 基于 Web 标准的网页设计技巧与实战 ［M］. 杨志红，姚军，译 . 北京：人民邮电出版社，2010.

［7］刘杰 . Web 标准设计 ［M］. 北京：清华大学出版社，2009.

［8］刘涛，邹婷 . Dreamweaver CS4 开发标准布局 Web 2.0 网站 ［M］. 北京：清华大学出版社，2009.

［9］塞尔达曼 . 网站重构：应用 Web 标准进行设计 ［M］. 傅捷，王宗义，祝军，译 . 北京：电子工业出版社，2004.

［10］锡德霍姆 . Web 标准实战 ［M］. 常可，译 . 北京：人民邮电出版社，2008.

［11］王建 . 精通 Web 标准建站：标记语言、网站分析、设计理念、SEO 与 BI ［M］. 北京：人民邮电出版社，2007.

［12］施米特 . 基于 Web 标准的网站构建与经典案例分析 ［M］. 叶俊，译 . 清华大学出版社，2008.

［13］侯利军 . 精通 Web 标准网页布局：XHTML+CSS+JavaScript ［M］. 北京：人民邮电出版社，2007.

［14］巴德，科利森 . 精通 CSS：高级 Web 标准解决方案 ［M］. 陈剑瓯，译 . 北京：人民邮电出版社，2010.

［15］李超 . CSS 网站布局实录：基于 Web 标准的网站设计指南 ［M］. 北京：科学出版社，2007.

［16］阿一 . 博客园精华集——Web 标准之道 ［M］. 北京：人民邮电出版社，2009.

［17］克里斯·米尔斯 . CSS3 实战：开发与设计 ［M］. 林雪玉，韦剑宾，译 . 北京：机械工业出版社，2013.

［18］泽尔特曼，马克蒂．网站重构——应用 Web 标准进行设计［M］．傅捷，祝军，李宏，译．北京：电子工业出版社，2011．

［19］巴德．精通 CSS：高级 Web 标准解决方案［M］．陈剑瓯，译．北京：人民邮电出版社，2006．

［20］比尔·肯尼迪，等．HTML 与 XHTML 权威指南［M］．技桥，译．北京：清华大学出版社，2004．

［21］切尔西·瓦伦丁，克里斯·明尼克．XHTML 教程［M］．贺军，译．北京：人民邮电出版社，2001．

［22］W3School．HTML 基础教程［EB/OL］．［2013 - 12 - 22］．http：//www．w3school．com．cn/html/html_ basic．asp．

［23］44 蓝．CSS 参考［EB/OL］．［2013-12-22］．http：//www．44lan．cn/lan_ html/css/tag/css_ reference．aspx．

［24］万维网．［EB/OL］．［2013-12-22］．http：//zh．wikipedia．org/wiki/Web．

［25］XHTML 1.0 The Extensible HyperText Markup Language（Second Edition）［EB/OL］．［2013-12-22］．http：//www．w3．org/TR/xhtml1/．

［26］HTML．［EB/OL］．［2013-12-22］．http：//zh．wikipedia．org/wiki/HTML．

［27］ECMAScript．［EB/OL］．［2013-12-22］．http：//zh．wikipedia．org/wiki/EC-MAScript．

［28］CSS Validation Service．［EB/OL］．［2013-12-22］．http：//jigsaw．w3．org/css-validator/．

［29］XHTML．［EB/OL］．［2013-12-22］．http：//baike．baidu．com．

［30］Web 标准页面制作规范．［EB/OL］．［2013 - 12 - 22］．http：//wenku．baidu．com/．

［31］Web 标准化页面制作指南．［EB/OL］．［2013 - 12 - 22］．http：//wenku．baidu．com/．

［32］CNZZ 数据中心．［EB/OL］．［2013-12-22］．http：//brow．data．cnzz．com/．

［33］Web 已死 互联网永生．［EB/OL］．［2013-12-22］．http：//www．csdn．net/article/2010-08-19/278379．

［34］Dreamweaver _ reference．［EB/OL］．［2013 - 12 - 22］．http：//helpx．adobe．com/cn/pdf/dreamweaver_ reference．pdf．

［35］2013 年五大主流浏览器 HTML5 和 CSS3 兼容性大比拼．［EB/OL］．［2013-12-22］．http：//wo．zdnet．com．cn/space-749093-do-blog-id-42582．html．

［36］什么是 Web 标准．［EB/OL］．［2013-12-22］．http：//www．w3cn．org/what/．

［37］HTML 5．［EB/OL］．［2013-12-22］．http：//baike．baidu．com．

［38］CSS．［EB/OL］．［2013-12-22］．http：//baike．baidu．com．

［39］CSS 多浏览器兼容总结．［EB/OL］．［2013-12-22］．http：//www．jb51．net/css/113900．html．

图书在版编目(CIP)数据

Web 标准网页设计/ 孟伟,曾波,青虹宏,李茜编著. —成都:西南财经大学出版社,2014.5

ISBN 978 – 7 – 5504 – 1395 – 5

Ⅰ.①W⋯ Ⅱ.①孟⋯②曾⋯③青⋯④李⋯ Ⅲ.①网页制作工具—程序设计 Ⅳ.①TP393.092

中国版本图书馆 CIP 数据核字(2014)第 074945 号

Web 标准网页设计

孟 伟 曾 波 青虹宏 李 茜 编著

责任编辑:林 伶

封面设计:杨红鹰

责任印制:封俊川

出版发行	西南财经大学出版社(四川省成都市光华村街 55 号)
网 址	http://www.bookcj.com
电子邮件	bookcj@foxmail.com
邮政编码	610074
电 话	028 – 87353785 87352368
照 排	四川胜翔数码印务设计有限公司
印 刷	四川森林印务有限责任公司
成品尺寸	185mm×260mm
印 张	15.75
字 数	350 千字
版 次	2014 年 5 月第 1 版
印 次	2014 年 5 月第 1 次印刷
印 数	1—2000 册
书 号	ISBN 978 – 7 – 5504 – 1395 – 5
定 价	29.80 元